电力安全工器具操作技能手册

赵水业　主编

中国电力出版社
CHINA ELECTRIC POWER PRESS

内容简介

本书主要是对安全帽、全方位安全带、防毒面具、携带型接地线、绝缘操作杆、电容型验电器、绝缘手套、安全标识牌等24类常用安全工器具及安全装备的执行标准、结构用途、规范化使用方法、标准化管理维护等内容进行了讲述。

本书中常用安全工器具及安全装备的操作流程规范，使用方法简明、易学，适合发供电企业、电力施工单位、电力院校及厂矿企业等单位开展日常安全技能培训、训练和教学，同时也适合作为使用单位的工具用书和为安全技能考评鉴定机构开展安全技能操作考评提供参考依据。

图书在版编目（CIP）数据

电力安全工器具操作技能手册 / 赵水业主编. —北京：中国电力出版社，2019.1（2021.4 重印）

ISBN 978-7-5198-2597-3

Ⅰ.①电… Ⅱ.①赵… Ⅲ.①电力工业－安全设备－技术手册 Ⅳ.① TM08-62

中国版本图书馆 CIP 数据核字（2018）第 254701 号

出版发行：中国电力出版社
地　　址：北京市东城区北京站西街 19 号（邮政编码 100005）
网　　址：http：//www.cepp.sgcc.com.cn
责任编辑：苗唯时（010-63412340）
责任校对：黄　蓓　郝军燕
装帧设计：郝晓燕
责任印制：石　雷

印　刷：三河市万龙印装有限公司
版　次：2019 年 1 月第一版
印　次：2021 年 4 月北京第三次印刷
开　本：880 毫米 ×1230 毫米　32 开本
印　张：5.5
字　数：140 千字
印　数：4001—6000 册
定　价：58.00 元

编委会

主　　编　赵水业

副 主 编　邹立升　王培军

编写人员　马学华　王锦旗　韩克奇　苗文勇　吴石书

杨　枫　张晓华　王鸣镝　杨秋玉　刘庆生

庞海屿　赵　雪　刘　颖

前 言

电力安全生产关系到国家安全、社会稳定和人民生命财产安全，也关系到正常生产经营秩序。健全安全生产规章制度，完善作业现场安全设施，提升安全装备质量水平，提高人员安全技能和素质，是国家赋予电力企业必须履行的法律义务和责任，也是企业实现人身安全、电网安全和设备安全的主渠道。

电力安全工器具和安全装备，是从事电气设备操作及运行维护等生产活动必备的操作工器具和安全防护用品。掌握安全工器具和安全装备的结构、原理，规范使用操作方法，使生产人员做到“三懂两会”（懂标准、懂结构、懂用途；会使用、会维护），将为企业安全稳定奠定坚实基础，为生产人员人身安全提供有效保障。本书坚持理论与实践应用相结合，逐章对安全帽、全方位安全带等 24 类常用安全工器具及安全装备的执行标准、结构及用途、规范化使用方法、标准化管理维护等内容进行了详细阐述。

本书内容简洁，操作流程规范，使用方法简明、易学，是发供电企业、电力施工单位、电力院校及厂矿企业等单位，开展日常安全技能培训、训练和教学，正确地选用、使用安全工器具，提升个人安全意识和安全技能的必备教材；是使用单位检索执行国家或行业标准、开展日常管理维护等工作的工具用书；同时也为安全技能考评鉴定机构开展安全技能实际操作考评提供了参考依据。

由于时间仓促，若有疏漏和不足之处，恳请广大读者批评指正。

编者

2018 年 10月

目 录

第 1 章　安全帽

1.1　参考资料

GB 26859—2011　电力安全工作规程　电力线路部分

GB 26860—2011　电力安全工作规程　发电厂和变电站电气部分

GB 26861—2011　电力安全工作规程　高压试验室部分

GB 26164.1—2010　电业安全工作规程　第 1 部分：热力和机械

GB 2811—2007　安全帽

GB/T 2812—2006　安全帽测试方法

Q/GDW 1799.1—2013　国家电网公司电力安全工作规程　变电部分

Q/GDW 1799.2—2013　国家电网公司电力安全工作规程　线路部分

Q/GDW 434.1—2010　国家电网公司安全设施标准　第一部分：变电

Q/GDW 434.2—2010　国家电网公司安全设施标准　第一部分：电力线路

国家电网安质〔2016〕212 号　国家电网公司电力安全工作规程　电网建设部分（试行）

国网（安监 /4）289—2014　国家电网公司电力安全工器具管理规定

国家电网安质〔2014〕265 号　国家电网公司电力安全工作规程　配电部分（试行）

1.2　定义、分类、结构、用途及限制条件、标识

1.2.1　定义

安全帽是对人头部受坠落物及其他特定因素引起的伤害起到防护作用的个体防护装备。

1.2.2　分类

安全帽类型有塑料帽、纸胶帽、玻璃钢（维纶钢）橡胶帽、植物枝条编织帽。电力行业普遍配置塑料安全帽，见图1–1。

图1–1　安全帽

1.2.3　结构

安全帽由帽壳、帽衬、下颏带、后箍及附件等组成（图1–2）。帽壳由壳体、帽檐、帽舌、顶筋等组成；帽衬是帽壳内部部件的总称，由帽箍、衬带、吸汗带及缓冲装置等组成；下颏带是系在下巴上、起固定作用的带子，由系带和锁紧卡组成。

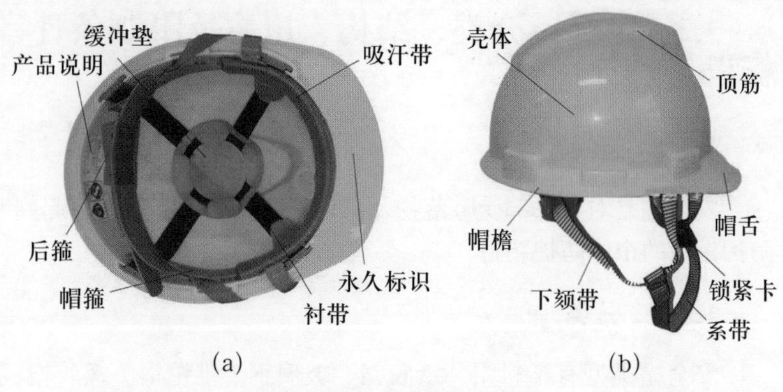

图 1–2　安全帽结构示意

1.2.4　用途及限制条件

（1）用途：防止高空坠物的冲击力对人头部的伤害，以及低矮工作环境中可能碰触尖锐物对人头部造成的伤害。

（2）限制条件：超过试验周期或未经试验合格的安全帽不准使用。

1.2.5　标识

安全帽的标识由永久标识和产品说明组成。

（1）永久标识包括：

a. 国标编号；

b. 制造厂名；

c. 生产日期；

d. 产品名称；

e. 产品的特殊技术性能。

（2）产品说明主要包括：

a. 为合格品的声明和资料；

b. 报废判别条件和保质期限；

c. 制造商的名称、地址和联系资料；
d. 适用和不适用场所。

1.3　使用要求

1.3.1　使用前检查

（1）永久标识和产品说明清晰完整，使用期限满足要求。

（2）帽壳内外表面平整光滑，无划痕、裂缝和孔洞，无灼伤、冲击痕迹。

（3）帽衬与帽壳连接牢固，后箍、锁紧卡等开闭调节灵活，卡位牢固。

（4）帽衬、帽箍扣、下颏带等附件完好无损。

（5）帽壳与顶衬冲击空间在25~50 ㎜。

（6）带电作业用安全帽带电作业用（双三角）永久性标识清晰。

1.3.2　使用及注意事项

1. 使用

（1）调整帽箍扣和下颏带；

（2）将安全帽佩戴至头部的正上方；

（3）帽箍扣调整到合适位置；

（4）锁紧下颏带；

（5）使用中要经常检查安全帽，保持安全帽下颏带锁紧扣、帽箍松紧适度，佩戴牢固（图1–3）。

图 1–3　安全帽佩戴

2. 注意事项

（1）进入生产、施工作业现场，正确佩戴安全帽。

（2）严禁安全帽用作他用，禁止随意拆卸或添加安全帽内缓冲衬垫等附件。

（3）使用后，检查安全帽内外，确认无异常后，按规定保存或存放。

1.4　管理维护

1.4.1　一般性维护保养要求

（1）保持安全帽外观清洁无污物。

（2）检查帽壳、帽箍是否牢固，无划痕、裂纹、变形等造成帽体强度降低的现象。

（3）安全帽宜覆扣、水平放置，不应叠放，避免存放在酸、碱、高温（50℃以上）阳光直射、潮湿等处，避免重物挤压或尖锐物碰刺。

1.4.2　周期性试验项目

（1）试验项目：冲击和耐穿刺性能试验。

（2）试验周期：塑料安全帽试验周期为2.5年，电力行业普遍实行到期更换制度。

1.4.3　使用期限及报废条件

（1）安全帽在使用周期中使用。

（2）安全帽外观检查不合格（如裂缝、孔洞、灼伤痕迹、帽箍脱落、帽带损坏等）应予以报废。

第 2 章　全方位安全带

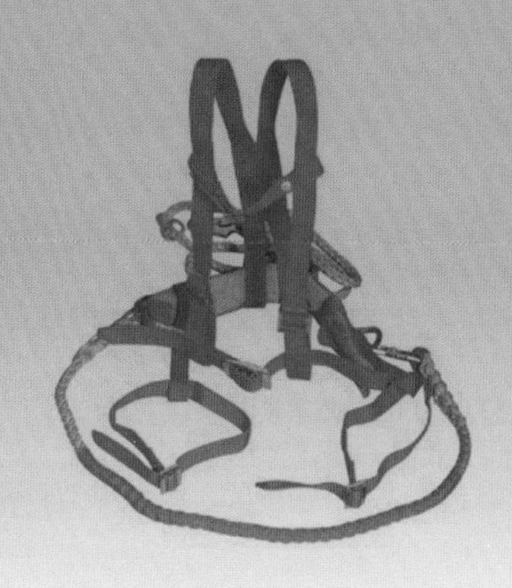

2.1 参考资料

GB 26859—2011 电力安全工作规程 电力线路部分

GB 26860—2011 电力安全工作规程 发电厂和变电站电气部分

GB 26861—2011 电力安全工作规程 高压试验室部分

GB 26164.1—2010 电业安全工作规程 第1部分：热力和机械

GB 6095—2009 安全带

GB 24542—2009 坠落防护 带刚性导轨的自锁器

GB 24543—2009 坠落防护 安全绳

GB/T 24538—2009 坠落防护 缓冲器

GB 24544—2009 坠落防护 速差自控器

Q/GDW 434.1—2010 国家电网公司安全设施标准 第一部分：变电

Q/GDW 434.2—2010 国家电网公司安全设施标准 第一部分：电力线路

Q/GDW 1799.1—2013 国家电网公司电力安全工作规程 变电部分

Q/GDW 1799.2—2013 国家电网公司电力安全工作规程 线路部分

国家电网安质〔2016〕212号 国家电网公司电力安全工作规程 电网建设部分（试行）

国网（安监/4）289—2014 国家电网公司电力安全工器具

管理规定

国家电网安质〔2014〕265 号　国家电网公司电力安全工作规程　配电部分（试行）

2.2　定义、分类、结构、用途及限制条件、标识

2.2.1　定义

全方位安全带是防止高处作业人员发生坠落或发生坠落后将作业人员安全悬挂的个体防护装备。

2.2.2　分类

按照使用条件分类，安全带分为围杆作业安全带、区域限制安全带、坠落悬挂安全带。

（1）围杆作业安全带是通过围绕在固定构造物上的绳或带将人体绑定在固定构造物附近，使作业人员的双手可以进行其他操作的安全带。

（2）区域限制安全带是用于限制作业人员的活动范围，避免其到达可能发生坠落区域的安全带。

（3）坠落悬挂安全带是指高处作业或登高人员发生坠落时，将作业人员安全悬挂的安全带。

2.2.3　结构

全方位安全带由腰带、腿带、围杆带、肩带等组成，见图 2-1。

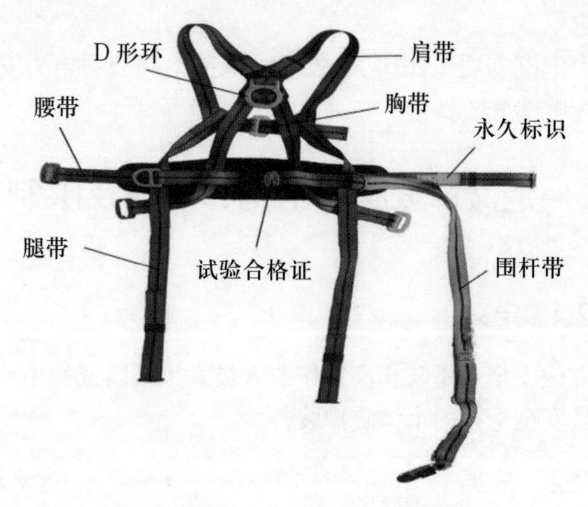

图 2–1 安全带结构示意

（1）围杆作业安全带主要由系带、连接器、调节器（调节扣）、围杆带（围杆绳）组成。

（2）区域限制安全带主要由系带、连接器（可选）、安全绳、调节器（调节扣）、连接器组成。当挂点装置为导轨时，应增加滑车。

（3）坠落悬挂安全带主要由系带、连接器（可选）、缓冲器（可选）、安全绳或速差自控器、连接器组成。当挂点装置为导轨时，由系带、缓冲器（可选）、安全绳、连接器、自锁器组成。

2.2.4 用途及限制条件

（1）用途：防止高处作业人员发生坠落或发生坠落后将作业人员安全悬挂。

（2）限制条件：在电焊作业或其他有火花、熔融源等的场所使用的安全带或安全绳应有隔热防磨套。

2.2.5 标识

全方位安全带的标识由永久标识、可更换的零部件标识和产品说明组成。

（1）永久标识包括：

a. 产品名称；

b. 国标编号；

c. 产品类别；

d. 制造厂名；

e. 生产日期；

f. 伸展长度；

g. 产品的特殊技术性能；

h. 可更换的零部件标识应符合相应标准的规定。

（2）可更换的系带应有的永久标识包括：

a. 产品名称及型号；

b. 相应标准号；

c. 产品类别；

d. 制造厂名；

e. 生产日期。

（3）产品说明包括：

a. 安全带的适用和不适用对象；

b. 生产厂商的名称、地址、电话；

c. 整体报废或更换零部件的条件或要求；

d. 清洁、维护、贮存的方法；

e. 穿戴方法；

f. 日常检查的方法和部位；

g. 安全带同挂点装置的连接方法；

h. 扎紧扣的使用方法或带在扎紧扣上的缠绕方式；

i. 系带扎紧程度；

j. 首次破坏负荷测试时间及以后的检查频次；

k. 产品合格品的声明。

2.3 使用要求

2.3.1 使用前检查

（1）合格证等标识和预防性试验合格证清晰完整。各部件完整无缺失、无伤残破损。

（2）腰带、腿带、围杆带、肩带等带体无灼伤、脆裂及霉变，表面无明显磨损及切口；围杆绳、安全绳无灼伤、脆裂、断股及霉变，各股松紧一致，绳子应无扭结；护腰带接触腰的部分垫有柔软材料，边缘圆滑无角。

（3）织带折头连接使用缝线，不应使用铆钉、胶粘、热合等工艺，缝线颜色与织带应有区分。

（4）金属配件表面光洁，无裂纹、无严重锈蚀和目测可见的变形，配件边缘呈圆弧形；金属环类零件不允许使用焊接，不留开口。

（5）金属挂钩等连接器有保险装置，有两个及以上明确的动作下才能打开，且操作灵活。钩体和钩舌的咬口必须完整，两者不得偏斜。各调节装置应灵活可靠。

（6）如配有缓冲器，缓冲器的标识和预防性试验合格证齐全。缓冲器外护套完整，任何缝线无开裂现象。

2.3.2 使用及注意事项

1. 使用

（1）穿戴背带，握住安全带的背部 D 形环，抖动安全带，使所有的编织带回到原位。把肩带套到肩膀上，让 D 形环处于后背或前胸两肩中间的位置。

（2）系紧胸带，扣好胸带并将其固定在胸部中间位置，拉紧肩带，将多余的肩带穿过带夹来防止松脱。

（3）系紧腿带，从两腿之间拉出腿带，一只手从后部拿着后面的腿带从裆下向前送给另一只手，接住并同前端扣口扣好。用同样的方法扣好第二根腿带。

（4）系紧腰带。

（5）连接带体与安全绳，当所有的织带和带扣都扣好后，收紧所有的带扣，让安全带尽量贴近身体，但又不会影响活动。将多余的带子穿到带夹中防止松脱。

（6）穿戴后检查，安全带穿戴好后，工作班成员之间相互检查连接扣或调节扣，确保各处绳扣连接牢固。

2. 注意事项

（1）正确选用安全带，其功能应符合现场作业要求。围杆作业安全带一般使用期限为 3 年，区域限制安全带和坠落悬挂安全带使用期限为 5 年，如易发生坠落事故，则应由专人进行检查，如有影响性能的损伤，则应立即更换。

（2）2m 及以上的高处作业应使用安全带。在没有脚手架或者在没有栏杆的脚手架上工作，高度超过 1.5m 时，应使用安全带。

（3）在坝顶、陡坡、屋顶、悬崖、杆塔、吊桥以及其他危险的边沿进行工作时，临空一面应装设安全网或防护栏杆，否则，作业人员应使用安全带。

（4）安全带的挂钩或绳子应挂在结实牢固的构件或专为挂安全带用的钢丝绳上，并采用高挂低用的方式。安全带和后备保护绳应分别挂在杆塔不同部位的牢固构件上。

（5）禁止将安全带系在移动或不牢固的物件上 [如隔离开关（刀闸）支持绝缘子、瓷横担、未经固定的转动横担、线路支柱绝缘子、避雷器支柱绝缘子等]。

（6）登杆（塔）前，应进行围杆带和后备绳的试拉，无异常方可继续使用。

（7）高处作业人员在转移作业位置时不准失去安全保护，并防止安全带从杆顶等构件脱出或被锋利物损坏。

（8）在电焊作业或其他有火花、熔融源等场所使用的安全带或安全绳应有隔热防磨套。

（9）安全带、安全绳不准打结使用，也不准将钩直接挂在安全绳上使用，应挂在连接环上用。安全绳应是整根，不应私自接长使用，使用 3m 以上长绳应加缓冲器。

（10）使用缓冲器时应观察坠落高度，确保缓冲器打开有足够的坠落安全空间，禁止两个及以上缓冲器串联使用。

（11）使用后应进行检查，确认无异常后方可按照规定保管存放。

2.4 管理维护

2.4.1 一般性维护保养要求

（1）全方位安全带应放在干燥、通风、避免阳光直晒、无腐蚀及有害物质的位置，并与热源保持 1m 以上的距离。

（2）安全带不使用时，应由专人保管。存放时，不接触高温、明火、强酸、强碱或尖锐物体，不存放在潮湿的地方。储存时，应对安全带定期进行外观检查，检查附件是否灵活、牢固，发现异常必须立即更换，检查频次应根据安全带的使用频率确定。

（3）搬动时不能用带钩刺的工具，运输过程中要防止日晒雨淋。

2.4.2 周期性试验项目

（1）试验项目：整体静负荷试验。

（2）试验周期：1 年。

2.4.3　使用期限及报废条件

（1）安全带在试验周期内使用。

（2）符合下列条件之一者，即予以报废：

a. 安全带使用期为 3~5 年，发现异常应提前报废；

b. 经试验或检验不符合国家或行业标准；

c. 超过有效使用期限，不能达到有效防护功能指标；

d. 外观检查明显损坏影响安全使用。

第 3 章　导轨自锁器

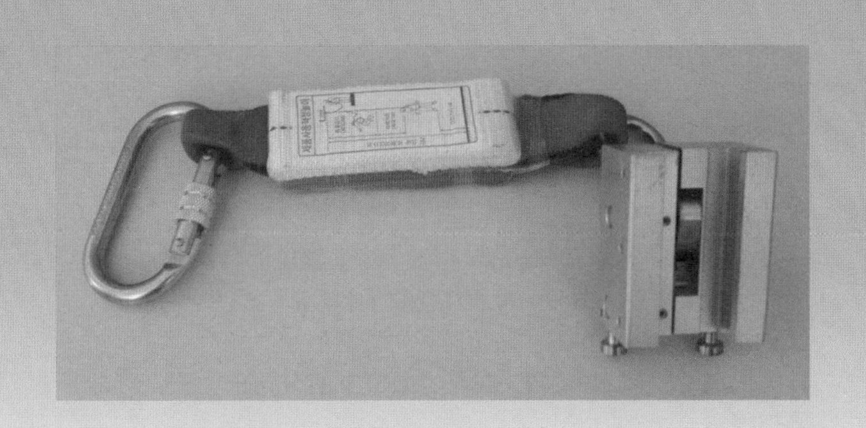

3.1 参考资料

GB 26859—2011 电力安全工作规程 电力线路部分

GB 26860—2011 电力安全工作规程 发电厂和变电站电气部分

GB 26861—2011 电力安全工作规程 高压试验室部分

GB 26164.1—2010 电业安全工作规程 第1部分：热力和机械

GB 24542—2009 坠落防护 带刚性轨道的自锁器

GB/T 24537—2009 带柔性导轨的自锁器

GB/T 23469—2009 坠落防护 连接器

国网（安监/4）289—2014 国家电网公司电力安全工器具管理规定

3.2 定义、分类、结构、用途及使用条件、标识

3.2.1 定义

导轨自锁器是附着在刚性或柔性导轨上，可随使用者的移动沿导轨滑动，由坠落动作引发制动作用的个体防护装备。

3.2.2 分类

导轨自锁器按轨道的材料性质分为刚性导轨自锁器和柔性导轨自锁器。

3.2.3　结构

轨道自锁器由自锁器、连接器、连接绳（带）等组成，见图 3–1。

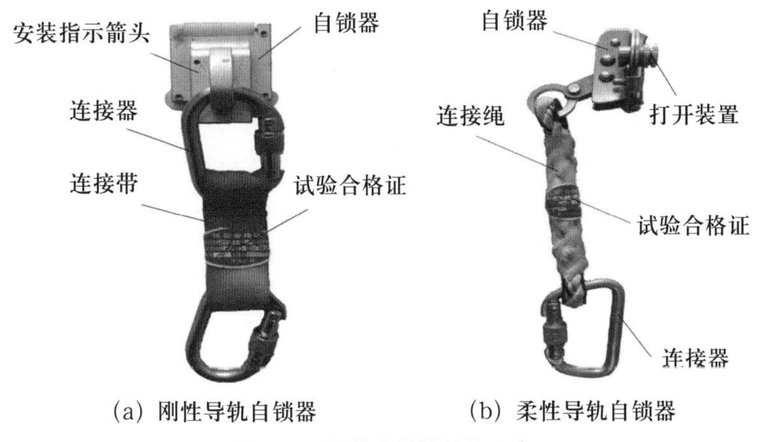

(a) 刚性导轨自锁器　　(b) 柔性导轨自锁器

图 3–1　导轨自锁器结构示意

（1）自锁器：附着在刚性或柔性导轨上，可随使用者的移动沿导轨滑动，由坠落动作引发制动作用的部件。

（2）连接器：具有常闭活门的连接部件。该部件用于将系带和绳或绳和挂点连接在一起。

（3）连接绳（带）：连接在自锁器上，用来将自锁器与系带挂点相连接的部件。

（4）打开装置：柔性导轨自锁器上的一种装置，使自锁器可在导轨上任一点安装或拆下。

3.2.4　用途及限制条件

（1）用途：导轨自锁器用于跟随人体上下，防止人体一旦下坠即自动快速锁止的装置。开合打开装置可快速装卸，锁止快速稳定，下坠距离短，安全系数高，上下攀爬方便。

（2）限制条件：禁止将自锁器锁止在导轨（绳）上作业。

3.2.5 标识

导轨自锁器的标识由自锁器上的永久标识、导轨上的永久标识和每套自锁器产品说明组成。

（1）自锁器上的永久标识包括：

a. 产品合格标识；

b. 国标编号；

c. 产品名称、规格型号；

d. 生产单位名称；

e. 生产日期、有效期限；

f. 正确使用方向的标识；

g. 最大允许连接绳长度。

（2）导轨上的永久标识包括：

a. 产品合格标识；

b. 国标编号；

c. 产品名称、规格型号；

d. 生产单位名称、地址；

e. 生产日期、有效期限；

f. 产品材质。

（3）每套自锁器产品说明书包括：

a. 产品的适用和不适用对象；

b. 生产单位名称、地址、联系方式；

c. 正确安装、使用方法及注意事项；

d. 运输、清洁、维护、贮存的方法及注意事项；

e. 定期检查的方法和部位；

f. 整体报废或更换零部件的条件或要求。

3.3 使用要求

3.3.1 使用前检查

（1）产品合格标识和预防性试验合格证清晰完整。

（2）各部件完整无缺失，本体及配件应无目测可见的凹凸痕迹。本体为金属材料时，无裂纹、变形及锈蚀等缺陷，所有铆接面应平整、无毛刺，金属表面镀层应均匀、光亮，不允许有起皮、变色等缺陷；本体为工程塑料时，表面应无气泡、开裂等缺陷。

（3）自锁器上的导向轮应转动灵活，无卡阻、破损等缺陷。

（4）自锁器整体不采用铸造工艺制造。

3.3.2 使用及注意事项

1. 使用

（1）选择与导轨相适应的导轨自锁器，按照自锁器安装箭头指示，将自锁器正确安装在导轨上；

（2）进行平滑度实验，手提自锁器在导轨上运行应顺滑；

（3）进行锁止实验，突然释放自锁器，自锁器应能有效锁止。

2. 注意事项

（1）自锁器与安全带之间的连接绳不大于 0.5m，自锁器连接在人体前胸或后背的安全带挂点上；

（2）禁止使用受过冲击的自锁器；

（3）使用后应进行检查，确认无异常后方可按规定保管或存放。

3.4 管理维护

3.4.1 一般性维护保养要求

按照产品说明书进行清洁、维护保养和贮存自锁器等部件，宜存放于专用架具上。

3.4.2 周期性试验项目

（1）试验项目：静负荷试验和冲击试验。

（2）试验周期：1 年。

3.4.3 使用期限及报废条件

（1）导轨自锁器在试验周期内使用。

（2）符合下列条件之一者，即予以报废：

a. 经试验或检验不符合国家或行业标准；

b. 超过有效使用期限，不能达到有效防护功能指标；

c. 外观检查明显损坏影响安全使用。

第 4 章　速差自控器

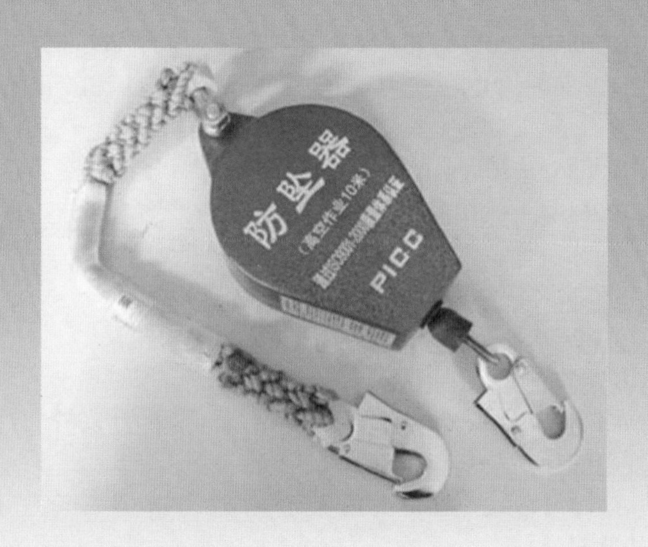

4.1 参考资料

GB 26859—2011 电力安全工作规程 电力线路部分

GB 26860—2011 电力安全工作规程 发电厂和变电站电气部分

GB 26861—2011 电力安全工作规程 高压试验室部分

GB 26164.1—2010 电业安全工作规程 第 1 部分：热力和机械

GB/T 24544—2009 坠落防护 速差自控器

GB/T 24538—2009 坠落防护 缓冲器

GB 24543—2009 坠落防护 安全绳

Q/GDW 1799.1—2013 国家电网公司电力安全工作规程 变电部分

Q/GDW 1799.2—2013 国家电网公司电力安全工作规程 线路部分

Q/GDW 434.1—2010 国家电网公司安全设施标准 第一部分：变电

Q/GDW 434.2—2010 国家电网公司安全设施标准 第一部分：电力线路

国家电网安质〔2016〕212 号 国家电网公司电力安全工作规程 电网建设部分（试行）

国网（安监/4）289—2014 国家电网公司电力安全工器具管理规定

国家电网安质〔2014〕265 号　国家电网公司电力安全工作规程　配电部分（试行）

4.2　定义、分类、结构、用途及限制条件、标识

4.2.1　定义

速差自控器是安装在挂点上，装有可伸缩长度的绳（带、钢丝绳），串联在系带和挂点之间，在坠落发生时因速度变化引发制动作用的个体防护装备。速差自控器也叫防坠器。

4.2.2　分类

速差自控器按安全绳材料分为织带速差器、纤维绳索速差器、钢丝绳速差器三类。

4.2.3　结构

速差自控器由速差自控器安全绳、缓冲器、连接器、坠落指示器组成，见图 4–1。

（1）速差自控器安全绳：速差自控器中可伸缩的织带或绳。

（2）缓冲器：串联在系带和挂点之间，发生坠落时吸收部分冲击能量、降低冲击力的部件。

（3）连接器：具有常闭活门的连接部件。该部件用于将系带和绳或绳和挂点连接在一起。

（4）坠落指示器：显示速度器是否已启用坠落自锁功能，为使用者提供形象直观指示的装置。

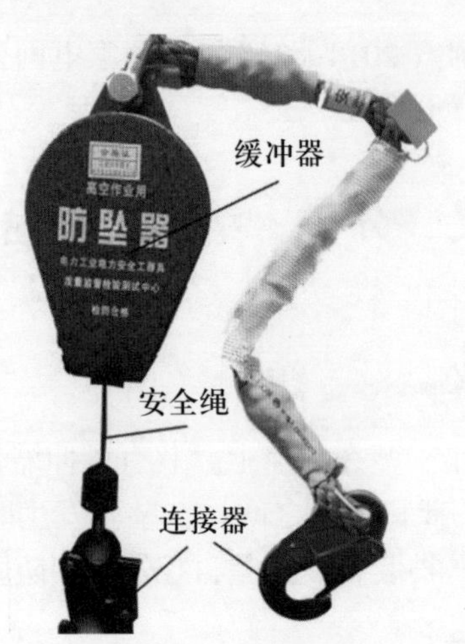

图 4-1　速差自控器结构示意

4.2.4　用途及限制条件

（1）用途：用于人员高空作业防止意外坠落。

（2）限制条件：严禁低挂高用。

4.2.5　标识

速差自控器的标识由永久标识和产品说明组成。

（1）永久标识包括：

a. 产品名称及标识；

b. 国标编号；

c. 制造厂名；

d. 生产日期、有效期限；

e. 法律法规要求标注的其他内容。

（2）产品说明书包括：

a. 厂商名称；

b. 厂商地址等其他信息；

c. 产品用途、限制，最大工作高度；
d. 警告禁止擅自改装；
e. 安装使用说明；
f. 使用前的检查步骤；
g. 储存、清洁、维护说明；
h. 建议使用环境；
i. 产品报废条件；
j. 法律法规要求说明的其他内容。

4.3　使用要求

4.3.1　使用前检查

（1）选择合适的速差自控器，标识和预防性试验合格证清晰完整。

（2）各部件完整无缺失、无伤残破损，外观应平滑，无材料和制造缺陷，无毛刺和锋利边缘。

（3）钢丝绳速差自控器的钢丝应绞合均匀紧密，不得有叠痕、突起、折断、压伤、锈蚀及错乱交叉的钢丝。

（4）织带速差自控器的织带表面、边缘、软环处应无擦破、切口或灼烧等损伤，缝合部位无崩裂现象；安全识别保险装置－坠落指示器（如有）未动作。

（5）用手将速差自控器的安全绳（带）进行快速拉出，能有效制动并完全回收。

4.3.2　使用及注意事项

1. 使用

（1）速差自控器应系在牢固的物体上，不得系在棱角锋利处；
（2）速差自控器连接在人体前胸或后背的安全带挂点上；

（3）上下移动时应缓慢，禁止跳跃。

2. 注意事项

（1）禁止将速差自控器锁止后悬挂在安全绳（带）上作业；

（2）速差自控器的安全绳（带）在使用中不应打结；

（3）严禁将安全绳（带）当提吊绳使用；

（4）使用后应进行检查，确认无异常后方可按规定保管或存放。

4.4 管理维护

4.4.1 一般性维护保养要求

（1）不应储存在酸、碱、高温、日晒、潮湿等处所，更不可和硬物存放在一起，放置在干燥的地方保存。

（2）合成纤维带速差式自控器，对于浸过泥水、油污的纤维带，应使用清水（勿用化学洗涤剂）和软刷对纤维带进行刷洗，清洗后放在阴凉处自然干燥，并存放在干燥少尘环境下。

（3）钢绳索速差式自控器，对于浸过泥水的钢丝绳，应使用涂有少量机油的棉布对钢丝绳进行擦洗，以防锈蚀。

4.4.2 周期性试验项目

（1）试验项目：为静负荷试验和冲击试验。

（2）试验周期：1 年。

4.4.3 使用期限及报废条件

（1）速差自控器在试验周期内使用。

（2）符合下列条件之一者，即予以报废：

a. 经试验或检验不符合国家或行业标准；

b. 超过有效使用期限，不能达到有效防护功能指标；

c. 外观检查明显损坏影响安全使用。

第 5 章　气体（氧气）检测报警仪

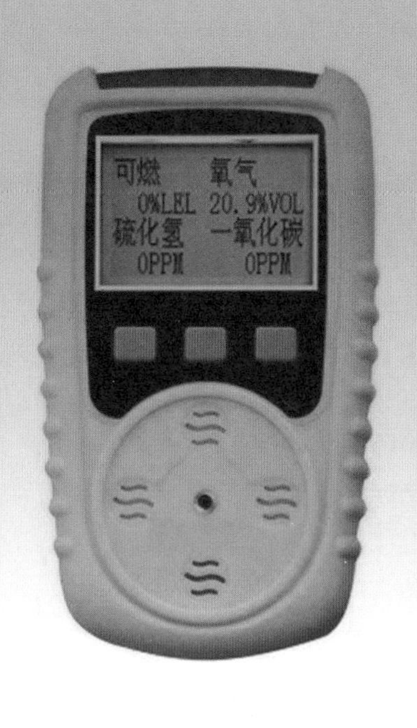

5.1 参考资料

GB 12358—2006　作业场所环境气体检测报警仪　通用技术要求

GBZ 2.1—2007　工作场所有害因素职业接触限值

GBZ/T 223—2009　工作场所有毒气体检测报警装置设置规范

GB 26164.1—2010　电业安全工作规程　第 1 部分：热力和机械

JJG 551—2003　二氧化硫气体检测仪检定规程

JJG 695—2003　硫化氢气体检测仪检定规程

JJG 915—2008　一氧化碳检测报警器检定规程

JJG 693—2011　可燃气体检测报警器检定规程

JJG 1087—2013　矿用氧气检测报警器检定规程

DL 5027—2015　电力设备典型消防规程

Q/GDW 1799.1—2013　国家电网公司电力安全工作规程　变电部分

Q/GDW 1799.2—2013　国家电网公司电力安全工作规程　线路部分

国家电网安质〔2014〕265 号　国家电网公司电力安全工作规程配电部分（试行）

国网（安监 /4）289—2014　国家电网公司电力安全工器具管理规定

5.2　定义、分类、结构、用途及限制条件、标识

5.2.1　定义

气体检测报警仪是指用于检测作业场所（如坑口、隧道等）空气中氧气及有害气体含量、防止发生中毒（或窒息）事故的仪器。

5.2.2　分类

按检测对象分类，有可燃性气体（含甲烷）检测报警仪、有毒气体检测报警仪、氧气检测报警仪；按使用方式分类，有便携式和固定式。

5.2.3　结构

气体检测报警仪由检测器、传感器、指示器、报警器等组成。气体检测报警仪示意见图 5-1。

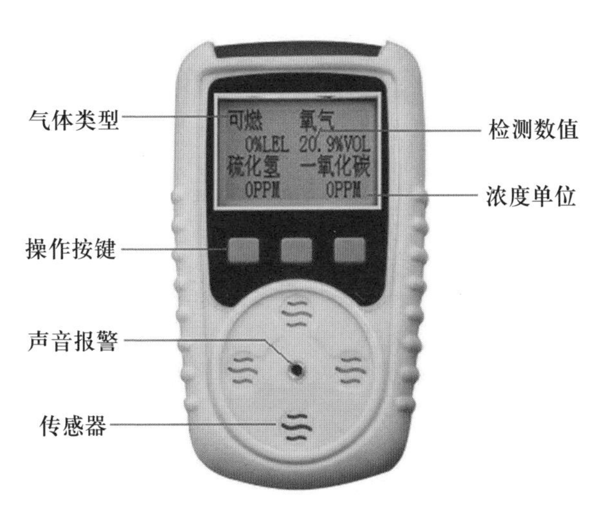

图 5-1　气体检测报警仪示意

5.2.4 用途及限制条件

（1）用途：用于受限作业空间和危险环境的含氧量、有害等气体检测。

（2）限制条件：电缆隧道（沟道）以及受限空间的作业场所，不宜进行含氧量等单一气体的检测。

5.2.5 标识

（1）产品名称及型号；

（2）制造厂名或商标；

（3）测量范围；

（4）制造厂产品编号；

（5）出厂日期；

（6）检定标签。

5.3 使用要求

5.3.1 使用前检查

（1）仪器外观整洁，标识清晰、完整；

（2）电池盒内电池极性安装正确，进气口气滤无杂物堵塞；

（3）开启机器，查听分级报警声光报警、震动报警准确（如不符合要求则不准使用），查看自检状态正常，显示屏显示正常，电池电量显示充足；

（4）对照说明书观察检测仪设定低报警值、高报警值设定准确（如不符合要求则不准使用）；

（5）在清新空气条件下，开机后观察初始数值正确 [如：CO 显示 0ppm；O_2 显示 20.9%；硫化氢显示 0ppm（ppm 为 10^{-6}）]，如显示数值不准确则严禁使用。

5.3.2 使用及注意事项

1. 使用

（1）开启机器，完成状态自检。

（2）手持检测仪至检测区域，由上风向至下风向缓步检测。受限空间的检测自入口处开始检测；地下维护室、电缆井（沟）、隧道等，采取自入口处向底部垂放检测仪的方式检测；较大面积的作业空间，要对作业空间多点采样检测；查看检测仪气体显示变化情况；检测气体符合下列规定：

a. 氧含量为18%~21%，富氧环境下不应大于23.5%；

b. 有毒气体（物质）浓度符合《工作场所有害因素职业接触限值》（GBZ 2.1）工作场所空气中化学物质容许浓度的规定（表5-1）。

表5-1 工作场空气中化学物质容许浓度规定

<table>
<tr><th colspan="2" rowspan="2">名称</th><th colspan="3">OELs（mg/m^3）</th></tr>
<tr><th>MAC</th><th>PC-TWA</th><th>PC-STEL</th></tr>
<tr><td colspan="2">二氧化硫</td><td>—</td><td>5</td><td>10</td></tr>
<tr><td colspan="2">二氧化碳</td><td>—</td><td>9000</td><td>18000</td></tr>
<tr><td colspan="2">硫化氢</td><td>10</td><td>—</td><td>—</td></tr>
<tr><td colspan="2">六氟化硫</td><td>—</td><td>6000</td><td>—</td></tr>
<tr><td rowspan="3">一氧化碳</td><td>非高原</td><td></td><td>20</td><td>30</td></tr>
<tr><td>海拔2000~3000m</td><td>20</td><td>—</td><td>—</td></tr>
<tr><td>海拔大于3000m</td><td>15</td><td>—</td><td>—</td></tr>
</table>

注：（1）OELs：职业性有害因素的接触限制量值（指劳动者在职业活动过程中长期反复接触，对绝大多数接触者的健康不引起有害作用的容许接触水平。化学有害因素的职业接触限值包括时间加权平均容许浓度、短

时间接触容许浓度和最高容许浓度三类)。

(2)MAC:最高容许浓度(工作地点、在一个工作日内、任何时间有毒化学物质均不应超过的浓度)。

(3)PC-TWA:时间加权平均容许浓度(指以时间为权数规定的8h工作日、40h工作周的平均容许接触浓度)。

(4)PC-STEL:短时间接触容许浓度[指在遵守PC-TWA前提下容许短时间(15min)接触的浓度]。

c. 可燃气体浓度符合规定:当被测气体或蒸气的爆炸下限大于或等于4%时,其被测浓度应不大于0.5%(体积分数);当被测气体或蒸气的爆炸下限小于4%时,其被测浓度应不大于0.2%(体积分数)。

(3)检测气体含量达到(或超过)临界值,检测仪显示检测数值、发出报警提示。

(4)工作结束后,关闭仪器开关。

2. 注意事项

(1)进入作业现场前,打开作业空间与大气相通的设施进行自然通风,或采用风机强制通风或管道送风。作业前30 min,对作业空间进行气体检测分析。

(2)作业中定时监测,至少每2h监测一次,如监测分析结果有明显变化,立即停止作业,撤离人员,对现场进行处理,分析合格后方可恢复作业。

(3)使用中如出现指示灯连续闪亮、显示屏突然无数值显示、气体明显超标区域显示数值不动作、差距大等异常情况,立即停止作业并撤离到空气清新区域,查明原因后方可继续作业。

(4)检测仪传感器等部件属精密部件,使用中不得拆解检测仪器,避免因与周围设施的碰撞,影响数据检测准确度。

(5)使用后,关闭检测仪电源开关,检查显示正常关机;对检测仪表面、进气口气滤附着灰尘进行清理,保持仪器清洁。

5.4　管理维护

5.4.1　一般性维护保养要求

（1）检测器、指示器和报警器完整，无破损现象；

（2）使用柔软纺织物和中性洗涤剂擦拭表面清洁；

（3）进气口气滤（或传感器）在使用有效期内（氧气传感器寿命一般在 1 年左右；其他气体传感器一般在 2~4 年）；

（4）在停机状态下（长期停用则取出电池），存放于通风、干燥、不含腐蚀性气体的室内，贮存温度为 0~40℃，相对湿度低于 85%。在保管及运输过程中应防止损坏。

5.4.2　周期性试验项目

（1）检测仪常规自检，对照产品使用说明书，查看响应时间（20s）、报警响应时间合格，显示正常。

（2）送专业检定单位检定每年 1 次。

（3）按照说明书规定时间和程序，使用被测气体（应符合标准，其浓度误差小于被标仪器的检测误差）对检测仪分级（预报、警报、高报）标定零值和报警值（需专业人员进行）。

5.4.3　使用期限及报废条件

（1）仪器在校验有效期内使用（按说明书）。

（2）发现下列问题之一者，即予以报废：

a. 外壳破损、组成部件工作不正常影响功能使用；

b. 检测响应时间、报警响应时间等自检项目不合格；

c. 仪器检测值无法正确标定或显示；

d. 送检不合格。

第 6 章　自吸过滤式防毒面具

6.1　参考资料

GB 2890—2009　呼吸防护　自吸过滤式防毒面具

GB 11651—2008　个体防护装备选用规范

GB 26164.1—2010　电业安全工作规程　第1部分：热力和机械

Q/GDW 1799.1—2013　国家电网公司电力安全工作规程　变电部分

Q/GDW 1799.2—2013　国家电网公司电力安全工作规程　线路部分

国家电网安质〔2014〕265号　国家电网公司电力安全工作规程配电部分（试行）

国网（安监/4）289—2014　国家电网公司电力安全工器具管理规定

6.2　定义、分类、结构、用途及限制条件、标识

6.2.1　定义

自吸过滤式防毒面具是用于防御有毒、有害气体或蒸气、颗粒物（如毒烟、毒雾）等危害其呼吸系统或眼面部的净气式防护用品。

6.2.2　分类

按照面罩与过滤件的连接方式可分为导管式防毒面具和直接式防毒面具。面罩可分为全面罩和半面罩。

6.2.3　结构

导管式防毒面具由面罩、过滤件（滤毒罐）、导气管组成，见图 6–1。

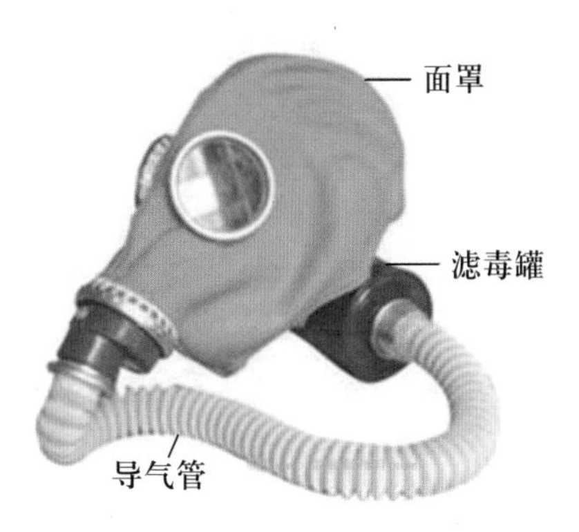

图 6–1　导管式防毒面具结构示意

直接式防毒面具由头带、罩体和可更换滤盒组成（图 6–2）。

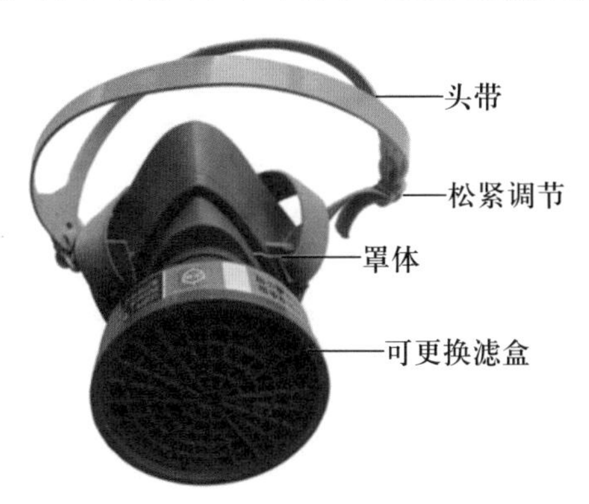

图 6–2　直接式防毒面具结构示意

6.2.4 用途及限制条件

（1）用途：靠佩戴者呼吸克服部件阻力，防御有毒、有害气体或蒸气、颗粒物（如毒烟、毒雾）等对使用者呼吸系统或眼面部的危害。过滤件（罐、盒）类型如下：

A 型：用于防护有机气体或蒸气；

B 型：用于防护无机气体或蒸气；

E 型：用于防护二氧化硫和其他酸性气体或蒸气；

K 型：用于防护氨及氨的有机衍生物；

CO 型：用于防护一氧化碳气体；

Hg 型：用于防护汞蒸气；

H_2S 型：用于防护硫化氢气体。

（2）限制条件：仅限用于有氧环境中使用（空气中氧气浓度不得低于 18%），温度为 -30~+45℃。不能用于槽、罐等密闭容器环境。

6.2.5 标识

（1）执行标准号；

（2）面罩类型；

（3）制造商名称、厂址；

（4）生产日期；

（5）商标（若有）；

（6）过滤件标记或型号；

（7）防护气体种类；

（8）有效期（过滤件）。

6.3　使用要求

6.3.1　使用前检查

（1）面罩（罩体）完好，确保面罩（罩体）与面部贴合紧密性；

（2）呼气阀片无变形、破裂及裂缝；

（3）头带弹性良好；

（4）滤盒（罐）座密封圈完好；

（5）滤盒（罐）在使用期内，选配类型正确。

6.3.2　安装滤盒（罐）

（1）将滤盒（罐）扣入面罩的吸气口，听到扣入声即证明滤盒已经装入。

（2）检查滤盒（罐）上的对准标识与面罩上的对应标识吻合，即表示装入正确。

（3）导管式防毒面具安装时，首先去除滤盒（罐）（两端）封盖，然后将导气管两端分别与面罩、滤盒（罐）连接。

6.3.3　使用及注意事项

1. 使用

（1）拔掉面罩罐塞。

（2）将面具盖住口鼻，由下巴处向上佩戴，将头带框套拉至头顶。

（3）用双手将下面的头带拉向颈后并扣住，适当拉紧头带的两端调整松紧度。

（4）调整面罩至舒适位置，检查面罩密合框应与佩戴者颜面密合，无明显压痛感。

（5）吸气阻力正常，做佩戴密合性测试：

测试方法一：将手掌盖住呼气阀并缓缓呼气，如面部感到有一定压力，没感到有空气从面部和面罩之间泄漏，表示佩戴密合性良好；若面部与面罩之间有泄漏，则需重新调节头带与面罩排除漏气现象。

测试方法二：用手掌盖住滤盒（罐）座的吸气口，缓缓吸气，若感到呼吸有困难，则表示佩戴面具密闭性良好。若感觉能吸入空气，则需重新调整面具位置及调节头带松紧度，消除漏气现象。

不正常时可重复进行测试，直至密合性能良好。

2. 注意事项

（1）根据其面型尺寸选配适宜的面罩号码。每次佩戴后均应做气密性测试，如有漏气现象，应调整面罩佩戴位置。

（2）在有氧环境中使用；佩戴时如闻到毒气微弱气味，应立即离开有毒区域（有毒区域的氧气占体积的18%以下、有毒气体占总体积2%以上的区域，各型过滤件都不能起到防护作用）。

（3）注意查看滤盒（罐）有效期，防毒面具的过滤剂有一定的使用时间（一般为30~100min）；失去过滤作用（超期或面具内有特殊气味）时，应及时更换。

（4）每次使用后，应将滤盒（罐）上部的螺帽盖拧上，并塞上橡皮塞后储存，以免内部受潮；将面具置于洁净处存放，以便下次使用。

6.4 管理维护

6.4.1 一般性维护保养要求

（1）防毒面具选配满足使用场所要求。

（2）连接部位及呼气阀、吸气阀的密合性良好。

（3）橡胶面罩气密性良好，无老化、损伤等缺陷，金属件无锈蚀现象；滤盒（罐）贮存期在5年（3年）有效期内。

（4）使用后经清洗、消毒，存放于干燥、通风，无酸、碱、溶剂等物质的库房（橱柜）内，不得叠放，严禁重压和尖锐物体碰撞，滤盒（罐）严防潮湿、过热。

（5）防毒面具每月进行清扫维护。

6.4.2　使用期限及报废条件

（1）凡标注一次性使用者，使用期限仅限一次。

（2）发现下列问题之一者，即予以报废：

a. 超过贮存期限；

b. 部件损坏影响安全使用。

第 7 章　正压式消防空气呼吸器

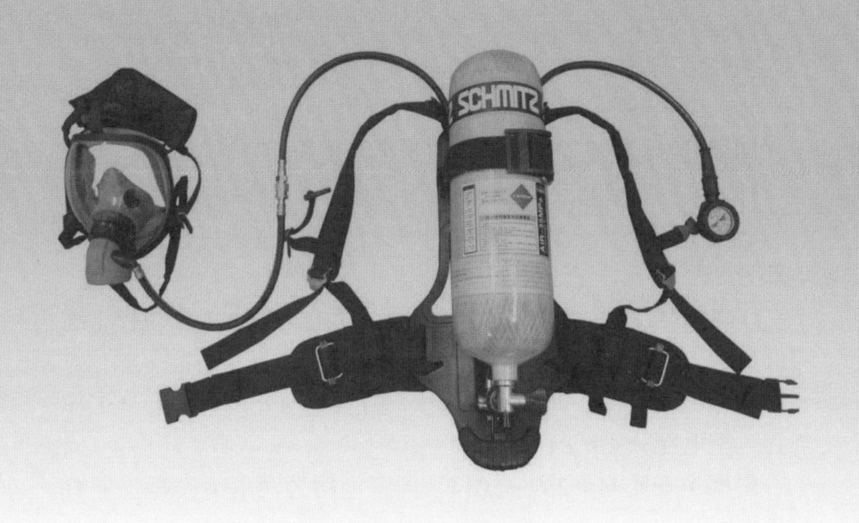

7.1 参考资料

GA 124—2013　正压式消防空气呼吸器

GB 11651—2008　个体防护装备选用规范

GB 26164.1—2010　电业安全工作规程　热力机械部分

质技监局锅发〔2000〕250 号　气瓶安全监察规程

JJG 52—2013　一般压力表检定规程

DL 5027—2015　电力设备典型消防规程

DL/T 1475—2015　电力安全工器具配置及存放技术要求

Q/GDW 1799.1—2013　国家电网公司电力安全工作规程　变电部分

Q/GDW 1799.2—2013　国家电网公司电力安全工作规程　线路部分

国家电网安质〔2014〕265 号　国家电网公司电力安全工作规程　配电部分（试行）

国网（安监/4）289—2014　国家电网公司电力安全工器具管理规定

7.2 定义、分类、结构、用途及限制条件、标识

7.2.1 定义

正压式消防空气呼吸器，是指依靠自携贮存压缩空气贮气瓶，呼吸气瓶内气体实现呼吸循环过程的呼吸器。

7.2.2　分类

正压式消防空气呼吸器分为钢瓶型、碳纤维瓶型两种类型。

7.2.3　结构

正压式消防空气呼吸器有气瓶总成、背架总成、面罩总成、供气阀总成、减压器总成等部分组成，见图 7–1。

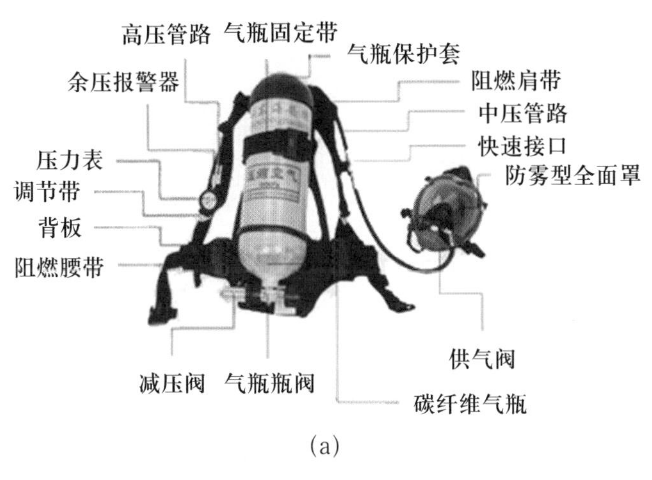

(a)

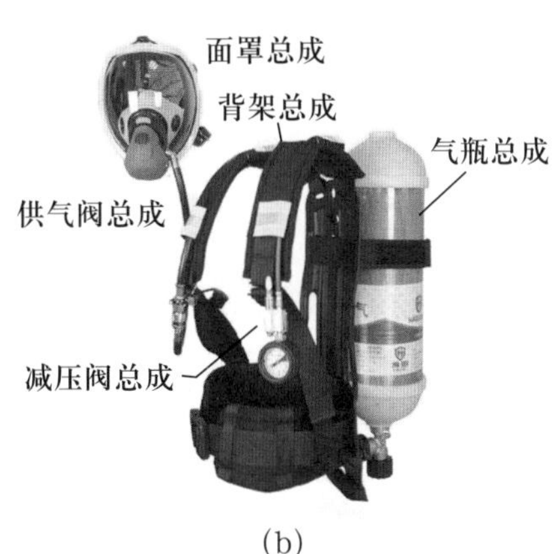

(b)

图 7–1　呼吸器结构示意

气瓶总成：由气瓶和气瓶阀组成。

背架总成：由背板、肩带、调节器、腰垫、腰带、腰带卡、气瓶固定带、气瓶垫、支架等组成。

面罩总成：由用来罩住脸部的面框组件（面窗、口鼻罩、传声器等）和固定面框的头罩组件（帽子、头带、颈带灯等）组成。

供气阀总成：安装于面罩上，通过快速接头连接于减压器上；设有手动应急供气装置，用于呼吸器供气不足时应急供气。

减压器总成：安装在背架上，由连接气瓶总成的手轮、连接压力表和报警器的高压管、中压安全阀和向供气阀供气的中压管组成。

呼吸器的导气管、供气阀、减压器、面罩、背架、气瓶上应有永久性制造厂名称或注册商标。

7.2.4 用途及限制条件

（1）用途：为使用者进入缺氧、有毒有害的气体环境中工作时，提供有效的呼吸保护。使用时，应使呼吸器气瓶内的压缩空气依次经过气瓶阀、减压器、供气阀进入面罩供给佩戴者吸气，呼气则通过呼气阀排出面罩外。使用于 –30~+60℃的环境。

（2）限制条件：无法保证面罩气密性的使用者（如佩戴眼镜、髯须及面部疤痕等）不得使用。

7.2.5 标识

呼吸器标识主要有箱体标识和气瓶标识两部分组成。

（1）箱体标识内容：

a. 制造厂名称、地址和注册商标；

b. 产品名称及型号；

c. 生产日期和批号；

d. 产品执行标准的代号；

e. 认证标志或批准文件的编号。

（2）气瓶标识内容：

a.“压缩空气”字样；

b. 气瓶编号；

c. 水压试验压力；

d. 公称工作压力；

e. 公称容积；

f. 重量；

g. 生产日期；

h. 检验周期；

i. 使用年限；

j. 产品标准号；

k. 检验标签；

l. 警示：“发现纤维断裂或损坏，不应充装”字样标记。

7.3 使用要求

7.3.1 使用前检查

（1）全面罩的镜片、系带、环状密封、呼气阀、吸入阀完好，与供气阀的连接牢固。全面罩的各部位清洁，无灰尘或被酸、碱、油及有害物质污染，镜片擦拭干净。

（2）供气阀的动作灵活，与中压导管的连接牢固。

（3）气源压力表显示正常指示压力。

（4）背架总成完好无损，左右肩带、左右腰带缝合线无断裂。

（5）气瓶总成固定牢固，气瓶与减压器的连接牢固、气密。

（6）打开瓶阀，管路、减压系统中压力的上升，会听到气源余压报警器发出的短促声音；瓶阀完全打开后，检查气瓶内的压力应在28~30MPa范围内。

（7）检查整机的气密性，打开瓶阀2min后关闭瓶阀，1min内压力表的示值压力下降不超过2MPa。

（8）检查全面罩和供气阀的匹配情况，关闭供气阀的进气阀门，佩戴好全面罩吸气，供气阀的进气阀门应自动开启。

7.3.2 使用及注意事项

1. 使用

（1）佩戴呼吸器时，先将快速接头拔开（以防在佩戴呼吸器时损伤全面罩），然后将呼吸器瓶阀向下背在人体背部，根据身体调节好肩带、腰带，以合身牢固、舒适为宜。

将压力表调整到便于佩戴者观察的位置。

（2）连接好快速接头并锁紧，将全面罩置于胸前，以便随时佩戴。

（3）将供气阀的进气阀门置于关闭状态，打开瓶阀，观察压力表指示值，以估计使用时间。

（4）佩戴好全面罩（可不用系带）进行2~3次的深呼吸，感觉舒畅，屏气或呼气时供气阀应停止供气，无气流声音。一切正常后，将全面罩系带收紧（以面部感觉舒适、无明显压痛感为宜），使全面罩与使用者额头、面部贴合良好并气密，深吸一口气，供气阀的进气阀门应自动开启。

（5）使用后，将全面罩的系带解开，从头部摘下全面罩，同时关闭供气阀的进气阀门，解开腰带卡扣，将呼吸器从身上卸下，关闭瓶阀。

2. 注意事项

（1）呼吸器须经检查合格后正确佩戴使用。使用过程中要随时注意观察报警器报警信号，报警时应立即撤离现场。

（2）在使用过程中，要经常观察肩带上的压力表读数来判断空气消耗量。任何情况下，使用者必须确保留有足够空气，可从被污染区撤离到不需要呼吸保护的场所。

（3）每次进入受污染或未知空气环境时，要做好计划，确保执行任务以及返回安全区域有足够的气瓶空气供给。使用剩余空气气瓶重新进入污染区域时，使用者必须确保剩余空气足够维持生命安全，方可使用。

7.3.3　使用后的处理

（1）卸下全面罩，使用中性或弱碱消毒液洗涤全面罩的口鼻罩及人的面部、额头接触部位，擦洗呼气阀片；最后用清水擦洗。洗净的部位应自然干燥。

（2）卸下背板组上的气瓶，擦净装具上的油污、灰尘并检查有无损伤现象。

（3）送专业机构对气瓶充气、维护。

7.4　管理维护

7.4.1　一般性维护保养要求

（1）整机气密性检查。关闭呼吸器供气阀的进气开关，开启瓶阀，2min 后再关闭瓶阀，压力表在瓶阀关闭后 1min 内的下降值应不大于 2MPa。

（2）报警器的报警压力检查。打开气瓶瓶阀，待压力表示值上升至 7MPa 以上时关闭瓶阀，观察压力表下降至报警值开始，报警起始压力应在 5~6MPa。

气瓶空气剩余压力应不小于 0.05MPa。

（3）供气阀和全面罩的匹配检查。关闭供气阀的进气阀门，佩戴好全面罩后，打开瓶阀，在吸气时会听到气流声音；在呼气和屏气时，供气阀应停止供气，无“气流”声音，表明供气阀和全面罩匹配良好。

（4）呼吸器应在清洁、干燥、通风良好的储存室内存放，产品存放时应装入包装箱内，避免阳光长时间暴晒，不能与油、酸、碱或其他对产品有腐蚀性的物质一起存放，严禁重压；严禁用温度超过 40℃的热源对气瓶加热。

7.4.2 周期性试验项目

（1）按照使用前检查和一般维护项目要求，每月检查一次。

（2）压力表每年送检 1 次；气瓶每 3 年送检 1 次。

7.4.3 使用期限及报废条件

一般正压式消防空气呼吸器使用年限为 10~12 年，不经常使用，且经定期技术检测认定性能良好者，可适当延期，但最长不超过 15 年。符合下列条件之一者，即予以报废：

（1）原件经常使用产生腐蚀、磨损，综合性能指数不同下降，定期技术检测判定需报废。

（2）使用中频繁出现故障，经多次修理仍无法达到规范标准。

第 8 章　防护眼镜

8.1 参考资料

GB 14866—2006　个人用眼护具技术要求

GB 11651—2008　个体防护装备选用规范

GB 26164.1—2010　电业安全工作规程　第1部分：热力和机械

Q/GDW 1799.1—2013　国家电网公司电力安全工作规程　变电部分

Q/GDW 1799.2—2013　国家电网公司电力安全工作规程　线路部分

国家电网安质〔2014〕265号　国家电网公司电力安全工作规程　配电部分（试行）

国网（安监/4）289—2014　国家电网公司电力安全工器具管理规定

8.2 定义、分类、结构、用途及限制条件、标识

8.2.1 定义

防护眼镜是指用于防御烟雾、化学物质、金属火花、飞屑和粉尘等伤害眼睛、面部的个体防护装备。

8.2.2　分类

防护眼镜按用途分类主要有防尘眼镜、防冲击眼镜、防化学眼镜和防光辐射眼镜；按形式分为安全眼镜、安全眼罩和防护面罩三大类，见图 8–1~ 图 8–3。

图 8–1　安全眼镜

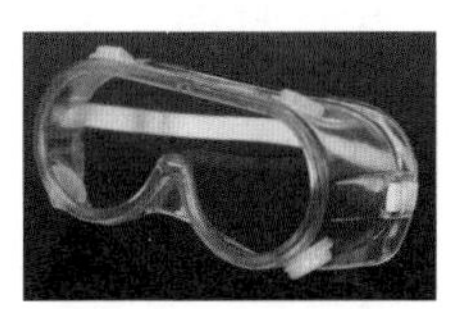

图 8–2　安全眼罩

图 8–3　防护面罩

8.2.3　结构

主要由框架、防护镜片组成。

8.2.4　用途及限制条件

（1）用途：主要是防护眼睛和面部免受紫外线、红外线和微波等电磁波的辐射，避免受到电弧灼伤，防止粉尘、烟尘、金属和砂石碎屑等异物落入眼内以及化学溶液溅射可能造成的损伤。

（2）限制条件：护目镜严禁用于电焊、气焊等作业。

8.2.5 标识

（1）产品名称；
（2）功能标识；
（3）制造厂名；
（4）生产日期。

8.3 使用要求

8.3.1 使用前检查

（1）选择佩戴相应的防护眼镜。

a. 装卸高压熔断器，佩戴防辐射防护眼镜；

b. 室外阳光曝晒的工作，佩戴变色镜（防辐射线防护眼镜）；

c. 车、铣、刨及砂轮作业，戴防冲击防护眼镜；

d. 蓄电池内注入电解液作业，佩戴防有害液体防护眼镜或戴防毒气封闭式无色防护眼镜。

（2）防护眼镜的标识清晰完整。

（3）防护眼镜表面光滑，无气泡、杂质。

（4）镜架（面罩）表面平滑，镜片与镜架衔接牢固，无压迫鼻梁刮擦面部及耳朵以及可见的开裂、变形现象。

8.3.2 使用及注意事项

1. 使用

（1）佩戴前，使用专用拭镜布擦拭镜片，保证足够的透光度。

（2）双手拿住镜腿沿脸颊两侧平行方向摘戴（避免因单手摘戴造成镜架左右失衡及变形现象）。

（3）收紧防护眼镜镜腿（带或头箍）。

（4）检查防护眼镜佩戴牢固，眼镜的宽窄和大小适合使用者。

（5）使用完毕，双手摘镜，轻拿轻放，镜片向上放置；不用时放入镜盒中保存。

2. 注意事项

（1）护目眼镜的宽窄和大小要适合使用者的脸型。

（2）镜片磨损粗糙、镜架损坏，会影响操作人员的视力，要及时调换。

（3）护目镜要专人使用，防止传染眼病。

（4）使用后，使用专用拭镜布擦拭镜片或用净水冲洗干净，将眼镜放入镜盒中保存；防止重摔、重压，防止坚硬的物体摩擦镜片和面罩；远离热源。

8.4　管理维护

8.4.1　一般性维护保养要求

（1）镜架松紧不适或螺丝松动，要及时调整。

（2）使用专用拭镜布擦拭（顺一个方向）镜片或用净水冲洗干净，使用眼镜布包好，再收拢镜腿后放入眼镜盒，室内通风、干燥处存放，防止重压。

（3）避免潮湿环境、长时间阳光直射下或与腐蚀性物品（防虫剂、洁厕用品、化妆品、发胶、药品等）接触，造成镜片、镜架劣化、变质、变色等。

8.4.2　使用期限及报废条件

框架或面罩变形、残缺损坏，眼镜片存在划痕、污点、裂纹等，影响安全使用，予以报废。

第 9 章　携带型接地线

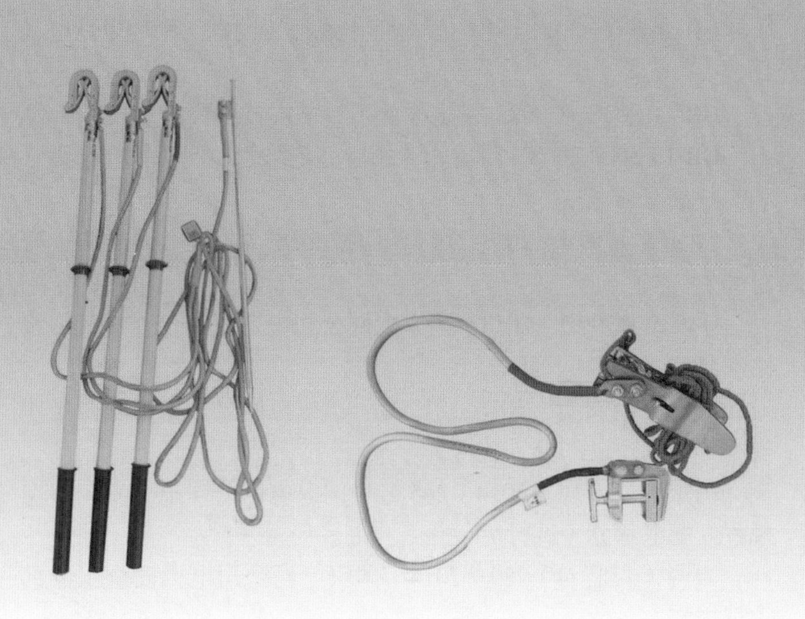

9.1　参考资料

GB 26859—2011　电力安全工作规程　电力线路部分

GB 26860—2011　电力安全工作规程　发电厂和变电站电气部分

GB/T 18037—2008　带电作业工具基本技术要求与设计导则

GB 13398—2008　带电作业用空心绝缘管、泡沫填充绝缘管和实心绝缘棒

Q/GDW 1799.1—2013　国家电网公司电力安全工作规程　变电部分

Q/GDW 1799.2—2013　国家电网公司电力安全工作规程　线路部分

国家电网安质〔2016〕212 号　国家电网公司电力安全工作规程　电网建设部分（试行）

国家电网安质〔2014〕265 号　国家电网公司电力安全工作规程　配电部分（试行）

国网（安监 /4）289—2014　国家电网公司电力安全工器具管理规定

9.2　定义、分类、结构、用途及限制条件、标识

9.2.1　定义

携带型接地线是用于导体与大地连接，防止设备、线路突然来电，消除感应电压，放尽剩余电荷的临时接地装置。

9.2.2 分类

携带型接地线按用途分为工作接地线、操作接地线；按结构分为单相接地线、成组接地线，见图 9–1。

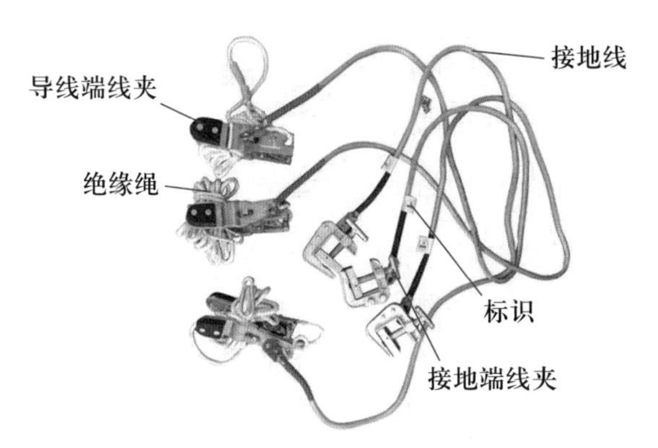

(a) 单相携带型接地线

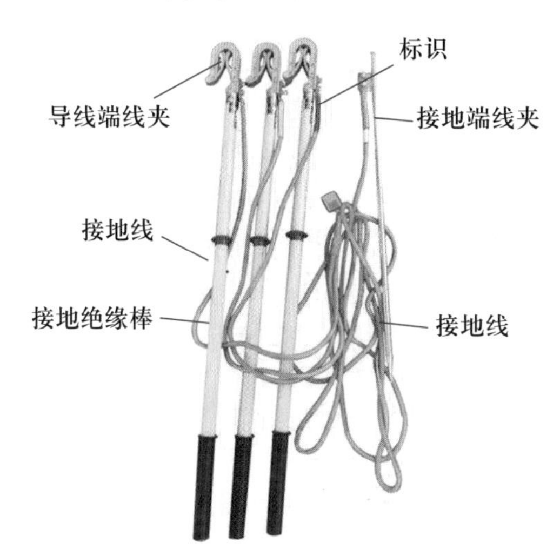

(b) 成组携带型接地线

图 9–1　携带型接地线结构示意

9.2.3 结构

携带型接地线由接地线、接地绝缘棒（绝缘绳）、接地端线夹（接地针、接地卡子等）、导线端线夹（双舌、平口等）等组成。

（1）接地线采用多股软铜线覆盖透明绝缘护套，截面的选择由电力系统实际最大短路容量决定，规格及技术参数符合表 9–1 要求。

表 9–1 接地线规格及技术参数

标称截面（mm^2）	导电线芯根数 / 单线标称直径（mm）	平均外径上限（mm）	20℃直流电阻（Ω/km）	护层标称厚度（mm）
16	1425/0.12	8	≤ 1.160	1.0
25	2240/0.12	10.6	≤ 0.758	1.0
35	3136/0.12	12.0	≤ 0.536	1.0
50	1596/0.20	14.5	≤ 0.379	1.2

（2）接地绝缘棒：由绝缘部分、握手部分组成，握手部分为操作人员握持的部分，与绝缘部分以护环、颜色或其他明显标识相隔开。接地操作棒的尺寸不得小于表 9–2 数据。

表 9–2 接地操作棒有关尺寸

各种不同电压等级设备名称	长度（mm）		
	绝缘部分	握手部分	总长度
10kV 以下电气设备	根据工作方便不作规定		
10kV 设备及输电线路	700	300	1000

续表

各种不同电压等级设备名称	长度（mm）		
	绝缘部分	握手部分	总长度
35kV 设备及输电线路	900	600	1500
63kV 设备及输电线路	1000	600	1600
110kV 设备及输电线路	1300	700	2000
220kV 设备及输电线路	2100	900	3000
330kV 设备及输电线路	3000	1100	4100
500kV 设备及输电线路	4100	1400	5500
220~500kV 输电线路绝缘架空地线上	700	300	1000
试验室及试验设备接地	700	300	1000

（3）导线端、接地端线夹：采用铜或优质铝合金材料制成，由足够的抗拉强度和屈服强度。接地端线夹分为接地针式、接地卡子和五防接地锁。接地针长度不小于 800mm，在 600mm 处设计永久性明显标识。

9.2.4　用途及限制条件

（1）抛挂式接地线适用于 110kV 及以上输电线路，分相进行接地；挂钩式接地线适用于 35kV 及以下电力线路施工；平口螺旋挂钩、手刹式平口挂钩、组合式等适用于变电设备施工。

（2）接地线的软铜线的截面积不得小于 $25mm^2$；个人保安线的软铜线的截面积不准小于 $16mm^2$；禁止用个人保安线代替接地线用于工作接地或操作接地；禁止无人监护下装设接地线。

9.2.5 标识

（1）型号规格；

（2）制造厂名；

（3）制造日期；

（4）电压等级；

（5）标准号；

（6）试验标签。

9.3 使用要求

9.3.1 使用前检查

（1）正确选用接地线。

（2）接地线的型号、类别、编号，整组是否完整，横截面积是否符合要求，试验合格证是否在试验周期内。

（3）线夹完整、无损坏，与绝缘杆连接牢固；线夹与电力设备及接地体的接触面无毛刺；线夹与线鼻连接牢固，接触良好，无松动、变色、灼伤。

（4）铜绞线与接线鼻、汇流夹连接良好，所有紧固螺栓无松动；铜绞线无松股、断股及发黑腐蚀情况。

（5）护套无空洞、破损、龟裂。

（6）手持部分与绝缘杆连接紧密，无破损，不会相对滑动或转动。

9.3.2 使用及注意事项

1. 使用

（1）戴绝缘手套，验明确无电压后，立即装设接地线。

（2）单相接地线，先连接好接地端线夹，再手动打开导线端线夹，卡紧支撑件，手持绝缘绳抛掷导线端线夹卡紧导线；成组接地线，先连接好接地端，再逐相依次挂设导线端线夹，拉动绝缘拉杆卡紧导线。

（3）单相接地线的拆除，先拉动绝缘绳拆除导线端，再拆除接地端；成组接地线的拆除，先拆除导线端线夹，再拆除接地端线夹。

（4）工作结束后，将携带型接地线进行检查、清理、缠绕整齐，确定正常后放回原处。

2. 注意事项

（1）装设接地线时，应三相短路并接地（直流线路两极接地线分别直接接地），禁止单相接地。利用铁塔接地或与杆塔接地装置电气上直接相连的横担接地时，允许每相分别接地，对于无接地引下线的杆塔，可采用临时接地体（埋深不准小于600mm）。

（2）接地线的装设部分要与检修设备电气直接相连，去除油漆或绝缘层；绝缘导线接地，接地线要装设在验电接地环上。

（3）装设同杆（塔）架设的多层电力线路接地线，先装设低压、后装设高压；先装设下层、后装设上层；先装设近侧、后装设远侧。拆除接地线的顺序与此相反。

（4）装、拆接地线均使用绝缘棒并戴绝缘手套，人体不得碰触接地线或未接地的导线，并有人监护。

（5）禁止使用其他导线作接地线，禁止用缠绕的方法进行接地。

（6）设备检修时模拟盘上所挂接地线的数量、位置和接地线编号，与工作票和操作票所列内容一致，与现场所装设的接地线一致。

9.4 管理维护

9.4.1 一般性维护保养要求

（1）携带型接地线存放在干燥、通风的安全工器具室内，并设有专人保管。

（2）携带型接地线分类统一编号，定置存放。

（3）携带型接地线存放位置编号与地线本身编号一致，盘绕长度一致，悬挂整齐。

（4）日常工作中，做好安全工器具的领用记录。

9.4.2 周期性试验项目

（1）试验项目：成组直流电阻试验和绝缘杆工频耐压试验。

（2）试验周期：5 年。

9.4.3 使用期限及报废条件

（1）携带型接地线应在试验周期内使用。

（2）符合下列条件之一者，即予以报废：

a. 经试验或检验不符合国家或行业标准；

b. 外观检查不合格影响安全使用。

第 10 章　绝缘操作杆

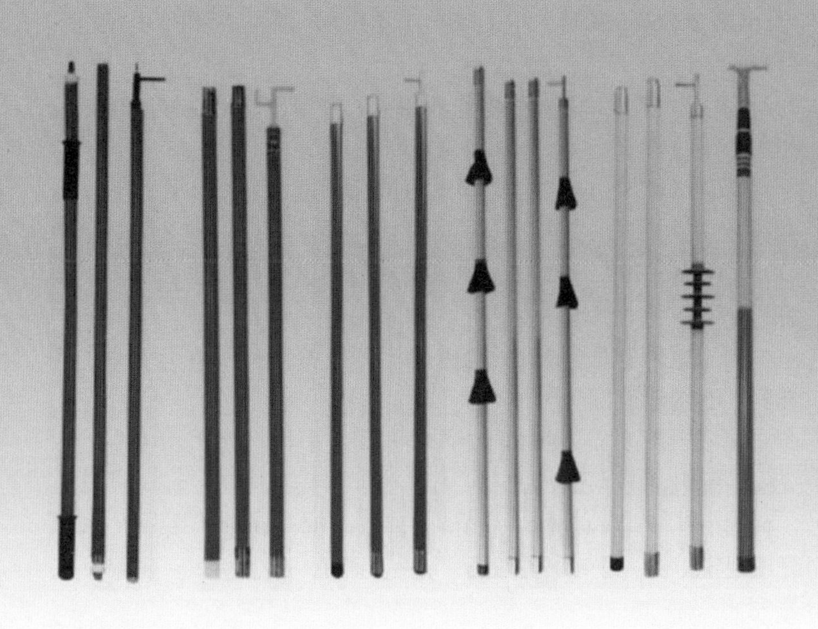

10.1 参考资料

GB 26859—2011 电力安全工作规程 电力线路部分

GB 26860—2011 电力安全工作规程 发电厂和变电站电气部分

GB 13398—2008 带电作业用空心绝缘管、泡沫填充绝缘管和实心绝缘棒

Q/GDW 1799.1—2013 国家电网公司电力安全工作规程 变电部分

Q/GDW 1799.2—2013 国家电网公司电力安全工作规程 线路部分

国家电网安质〔2016〕212 号 国家电网公司电力安全工作规程 电网建设部分（试行）

国家电网安质〔2014〕265 号 国家电网公司电力安全工作规程 配电部分（试行）

国网（安监 /4）289—2014 国家电网公司电力安全工器具管理规定

10.2 定义、分类、结构、用途及限制条件、标识

10.2.1 定义

绝缘操作杆（又称绝缘操作棒、绝缘杆、高压操作杆，俗称令克棒）是由绝缘材料制成，用于短时间对带电设备进行操作或测量的杆类绝缘安全工器具。

10.2.2　分类

（1）按电压等级分为 10kV、35kV、110kV、220kV 等绝缘操作杆。

（2）按使用环境可分为全天候式绝缘操作杆（防雨式绝缘操作杆）和非全天候式绝缘操作杆（普通绝缘操作杆），见图 10–1。

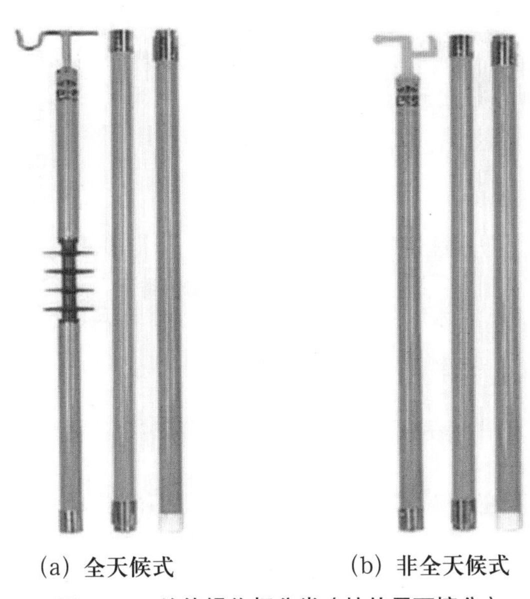

(a) 全天候式　　(b) 非全天候式

图 10–1　绝缘操作杆分类（按使用环境分）

（3）按连接结构分为可调式绝缘操作杆和分节式绝缘操作杆。分节式绝缘操作杆采用插销式和螺纹接口式连接，见图 10–2。

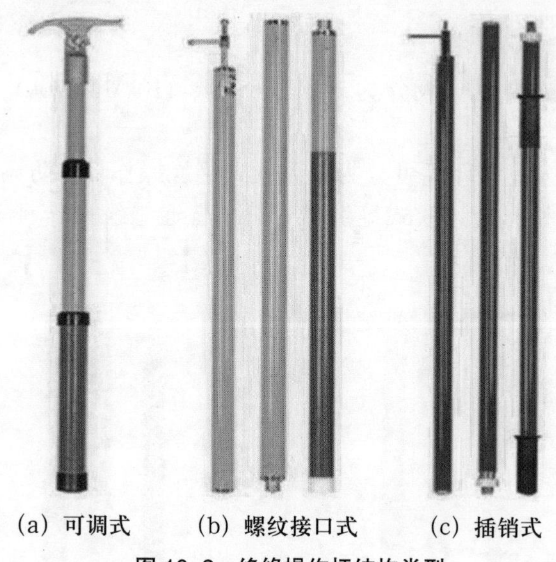

(a) 可调式　(b) 螺纹接口式　(c) 插销式

图 10-2　绝缘操作杆结构类型

10.2.3 结构

绝缘操作杆由杆头、绝缘杆、握柄等部分构成，见图 10-3。

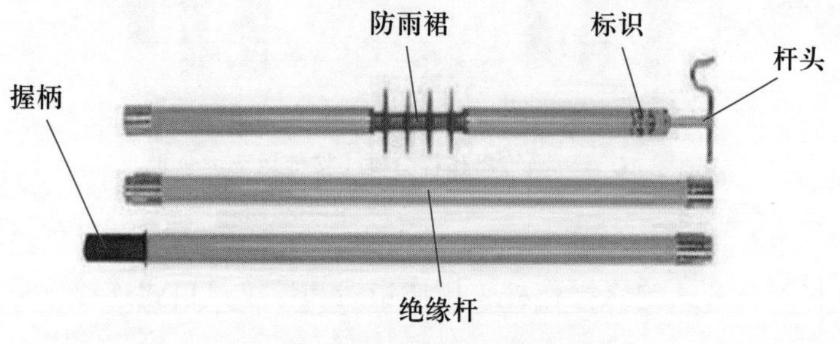

图 10-3　绝缘操作杆结构示意

10.2.4　用途及限制条件

（1）用途：绝缘操作杆主要用于短时间对带电设备进行操作的绝缘工具，如接通或断开高压隔离开关、跌落熔丝具，以及进行测量、试验等使用。

（2）限制条件：绝缘操作杆的电压等级必须符合被操作设备的电压等级的要求。雨雪天气在室外进行操作的，使用带防雨雪罩的绝缘操作杆。可调式绝缘操作杆用于拉断熔断器等拉力方向使用，不得作为顶杆等推力方向使用。

10.2.5　标识

（1）型号规格；
（2）制造厂名；
（3）制造日期；
（4）电压等级；
（5）标准号；
（6）试验标签。

10.3　使用要求

10.3.1　使用前检查

（1）正确选用绝缘操作杆；
（2）标识清晰完整，在有效预防性试验周期内；
（3）外观完好，表面干燥、清洁；
（4）空心管端口处有堵头，节杆之间的连接牢固；
（5）固定连接部分无松动、锈蚀、断裂、缺口；
（6）握手的手持部分护套与绝缘杆连接紧密、无破损、不产生相对的滑动或转动。

10.3.2 使用及注意事项

1. 使用

（1）将绝缘操作杆进行现场组装。分节螺纹接口式绝缘操作杆，按照各节编号将首尾丝扣顺时针方向拧紧；分节插销式绝缘操作杆，将首尾插销与缺口对准插入后，再将连接螺母按照顺时针方向拧紧；可调式绝缘操作杆，自杆头部逐节完全抽出。

（2）操作人戴绝缘手套，选择好合适的站立位置，保证工作对象在移动过程中与相邻带电体保持足够的安全距离。

（3）手持握手部分，杆头朝向操作设备实施操作。

（4）操作完成后，现场拆分绝缘操作杆。分节螺纹接口式绝缘操作杆，将首尾丝扣逆时针方向拧开；分节插销式绝缘操作杆，将连接螺母按照逆时针方向拧开，再将首尾插销与缺口分开；可调式绝缘操作杆，自杆底部逐节旋转完全收回。

（5）外观检查、清洁、确定正常后装袋，放回原处。

2. 注意事项

（1）绝缘操作杆应成套使用，连接绝缘操作杆的节与节的丝扣时要离开地面，以防杂草、土进入丝扣中或粘在杆体的表面上，丝扣要拧紧。

（2）使用时，人体与带电设备保持足够的安全距离，操作者的手握部位不得越过护环或握手部分。

（3）雨天操作室外高压设备时，穿绝缘靴。接地网电阻不符合要求的，晴天也应穿绝缘靴。

（4）使用时要尽量减少对杆体的弯曲力，以防反作用力造成短路放电或损坏杆体。

10.4　管理维护

10.4.1　一般性维护保养要求

（1）使用后清擦干净，存放在温度为-15~+35℃、相对湿度为 80% 以下、干燥通风的安全工器具室内。

（2）分类统一编号，由专人保管、定置存放。

（3）每月进行一次外观检查，做好检查和使用记录。

10.4.2　周期性试验项目

（1）试验项目：耐压试验和静抗弯负荷试验。

（2）试验周期：耐压试验周期 1 年，静抗弯负荷试验周期 2 年。

10.4.3　使用期限及报废条件

（1）应在试验周期内使用。

（2）符合下列条件之一者，即予以报废：

a. 经试验或检验不符合国家或行业标准；

b. 外观检查不合格影响安全使用。

第 11 章　电容型验电器

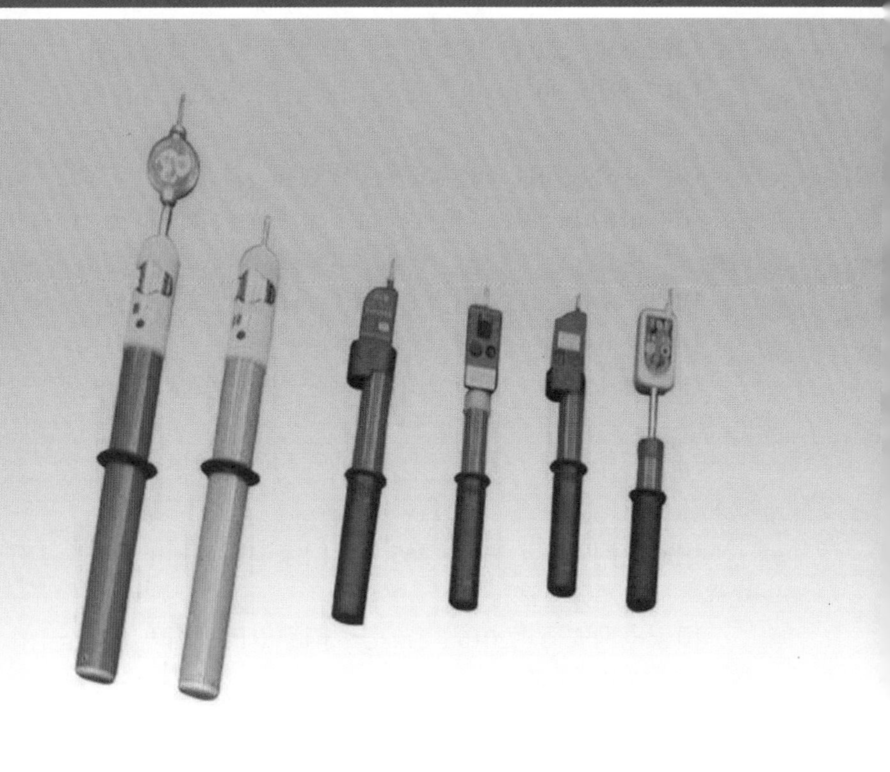

11.1 参考资料

GB 26859—2011　电力安全工作规程　电力线路部分

GB 26860—2011　电力安全工作规程　发电厂和变电站电气部分

GB 26861—2011　电力安全工作规程　高压试验室部分

GB 26164.1—2010　电业安全工作规程　第 1 部分：热力和机械

DL/T 1476—2015　电力安全工器具预防性试验规程

DL/T 740—2014　电容型验电器

Q/GDW 1799.1—2013　国家电网公司电力安全工作规程　变电部分

Q/GDW 1799.2—2013　国家电网公司电力安全工作规程　线路部分

国家电网安质〔2014〕265 号　国家电网公司电力安全工作规程　配电部分（试行）

国家电网安质〔2016〕212 号　国家电网公司电力安全工作规程　电网建设部分（试行）

国网（安监 /4）289—2014　国家电网公司电力安全工器具管理规定

11.2　定义、分类、结构、用途及限制条件、标识

11.2.1　定义

电容型验电器是通过检测流过验电器对地杂散电容中的电流来指示电压是否存在的装置。

11.2.2　分类

主要分类方式：按照电压等级分为 10kV、20kV、35kV、66kV、110kV、220kV。

11.2.3　结构

电容型验电器由接触电极、指示装置、伸缩式绝缘部件（分体式验电器配备绝缘杆）、护环、手柄等组成，见图 11–1、表 11–1。

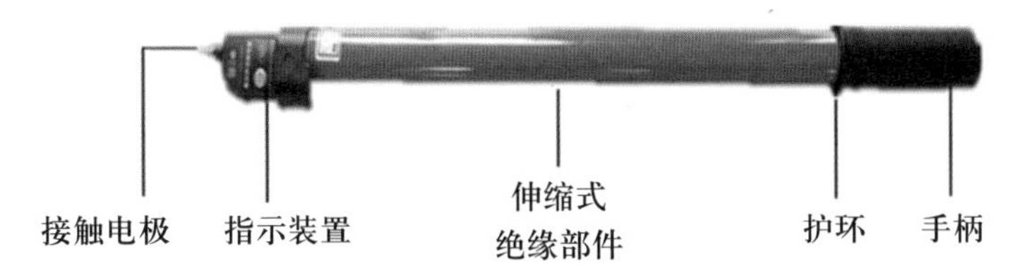

图 11–1　验电器（带有伸缩式绝缘杆）

表 11–1　整体式验电器绝缘部件最小长度

电压等级（kV）	长度（mm）
10	700
20	800
35	900

续表

电压等级（kV）	长度（mm）
66	1000
110	1300
220	2100

11.2.4 用途及限制条件

（1）用途：电容型验电器用于检验高压电气设备是否带电。
（2）限制条件：按照标称电压选用合格的接触式验电器。

11.2.5 标识

电容型验电器的标识由永久标识和产品说明组成。
（1）永久标识包括：
a. 产品名称；
b. 电压等级；
c. 型号；
d. 制造厂名称；
e. 产品合格证。
（2）产品说明包括：
a. 出厂编号；
b. 检验员编号；
c. 检验日期；
d. 产品说明书；
e. 外包装套（产品名称、型号、电压等级、制造厂名称）。

11.3　使用要求

11.3.1　使用前检查

（1）选用与被测设备的电压等级相同的验电器。

（2）检查外观良好，表面光滑干净，无油污、水渍等不利于绝缘性能的污垢，绝缘部分无气泡、皱纹、划痕、硬伤、绝缘层脱落、严重的机械或电灼伤痕。各部分连接牢固，伸缩型绝缘杆伸缩型绝缘杆各节配合合理，拉伸后不自动回缩。

（3）检查在试验周期内。

（4）按验电器上的自检按钮，观察确认验电器声光指示正常，无欠压指示。自检三次。

11.3.2　使用及注意事项

1. 使用

（1）到达工作地点后戴绝缘手套。

（2）验电器的伸缩式绝缘棒长度逐节拉足，确认连接牢固。

（3）在有电设备上进行试验，确认验电器良好。

（4）在装设接地线或合接地刀闸处对各相分别验电。

（5）验电结束，逐节收回。

2. 注意事项

（1）验电器的拉出和收回必须在工作地点进行，使用时轻拿轻放。

（2）验电时手握在手柄处不得超过护环。人体与带电设备保持足够的安全距离。

（3）验电时应有人监护。

（4）同杆架设的多层电力线路，先验低压，后验高压；先验下层，后验上层；先验近侧，后验远侧。

（5）验电时，应选择被检设备表面曲率较大的部位（如边缘或尖端）进行验电，并多点验电。

（6）确认无异常后放回存放处。

11.4 管理维护

11.4.1 一般性维护保养要求

每次用完后，验电器杆表面用清洁干布擦拭干净，保持表面干燥、清洁。贮存在干燥、通风、避免阳光直晒和无腐蚀的安全工器具室内。

11.4.2 周期性试验项目

（1）试验项目：启动电压试验、工频耐压试验。

（2）试验周期：1 年。

11.4.3 使用期限及报废条件

（1）在试验周期内使用。

（2）有下列情形应报废：

a. 外观检查有破损；

b. 定期预防性试验不合格；

c. 自检功能有问题，更换电池试验后仍无法使用。

第 12 章　低压验电笔

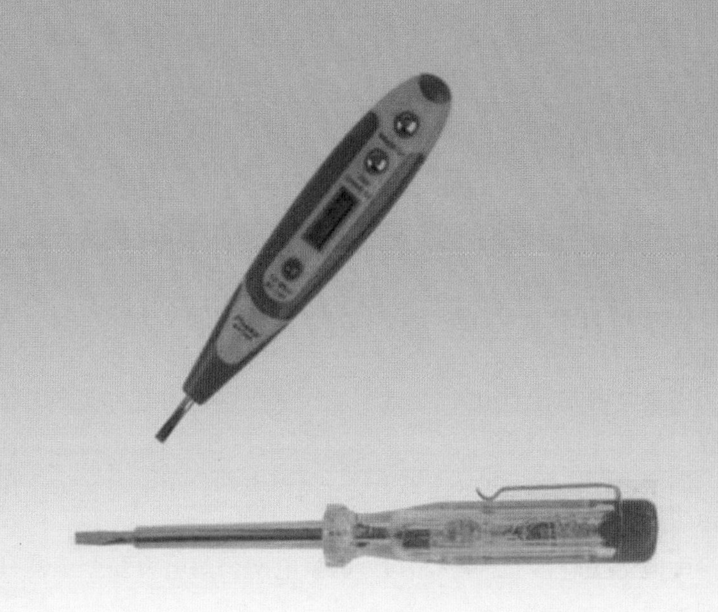

12.1 参考资料

GB 26859—2011 电力安全工作规程 电力线路部分

GB 26860—2011 电力安全工作规程 发电厂和变电站电气部分

GB 26861—2011 电力安全工作规程 高压试验室部分

GB 26164.1—2010 电业安全工作规程 第1部分：热力和机械

Q/GDW 1799.1—2013 国家电网公司电力安全工作规程 变电部分

Q/GDW 1799.2—2013 国家电网公司电力安全工作规程 线路部分

国家电网安质〔2014〕265号 国家电网公司电力安全工作规程 配电部分（试行）

国家电网安质〔2016〕212号 国家电网公司电力安全工作规程 电网建设部分（试行）

国网（安监/4）289—2014 国家电网公司电力安全工器具管理规定

12.2 定义、分类、结构、用途及限制条件、标识

12.2.1 定义

低压验电笔是用于检查500V以下导体或各种用电设备的外壳是否带电的验电装置。

12.2.2　分类

低压验电笔分为氖管式验电笔和数字式验电笔。

12.2.3　结构

（1）氖管式验电笔由前端金属探头、中间绝缘管（发光氖灯、电阻及压紧弹簧）、后端金属挂钩或金属片构成，见图 12–1。

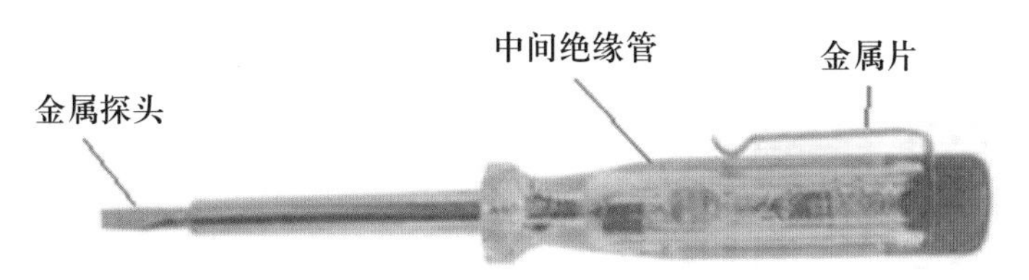

图 12–1　氖管式验电笔结构示意

（2）数字式验电笔由前端金属探头、中间电子检测体、数字显示屏、后端检测按点等组成，见图 12–2。

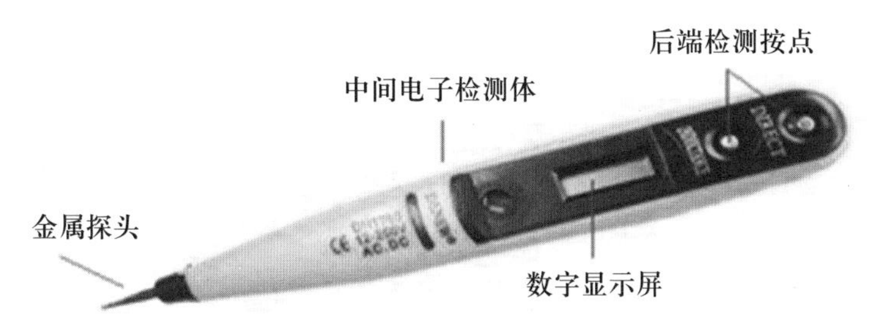

图 12–2　数字式验电笔结构示意

12.2.4　用途及限制条件

（1）用途：用于检查 12/60~500V 导体是否带电或各种用电设备的外壳是否带电，判断相线和零线，判断电压的高低，判断交流电与直流电，判断直流系统的正、负极接地故障。

（2）限制条件：仅适用于500V以下的低电压，严谨接触高电压。验电时，手握验电笔，人体任何部位不得触及周围的金属带电物体。

12.2.5 标识

低压验电笔的标识由永久标识和产品说明书组成。永久标识包括型号、适用电压范围。

12.3 使用要求

12.3.1 使用前检查

（1）氖管式验电笔里有安全电阻。

（2）数字式验电笔数字显示屏正常显示。

（3）外观良好，无损伤、受潮、进水。

（4）金属探头无锈蚀。

12.3.2 使用及注意事项

1. 使用

（1）验电前应在带电体上进行校核，确认验电笔良好。

（2）手持验电笔，将金属探头接触到需要验电的金属导体，使用氖管式验电笔手要触及验电笔的尾端金属部分。根据氖管式验电器发光指示、数字式验电器的数字显示判断是否带电。

2. 注意事项

（1）使用验电笔不能直接用手直接触及验电笔前段的金属探头，否则会造成人身触电事故。

（2）数字式验电笔使用前查看验电地点环境，不得在潮湿环境验电。

（3）测试间断时笔尖不能指向设备。

（4）避免在光线明亮的方向观察氖灯是否发亮，以免误判。

（5）判断交流、直流时，氖管式验电笔交流明亮直流暗；交流氖管通身亮，直流氖管亮一端；数字式验电笔有些具备识别交流、直流电源功能，根据验电笔功能可直接判断。

（6）判断正负极时，氖管式低压验电笔前端明亮是负极，后端明亮为正极；数字式验电笔显示屏直接显示正负极。

12.4　管理维护

12.4.1　一般性维护保养要求

（1）测试完毕后，将验电笔保存于干燥处，避免摔碰。保持笔身的清洁，防止外皮污染后降低绝缘性能。

（2）数字式验电笔电池定期检查更换。

12.4.2　使用期限及报废条件

（1）使用期限执行产品说明书要求。

（2）有下列情形应报废：外观有裂痕或者损坏；绝缘层有老化现象；使用前无法正确显示电压或无法正常使用。

第 13 章　绝缘手套

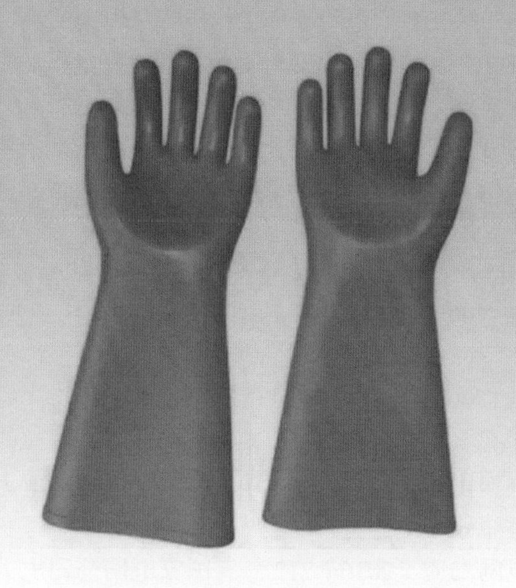

13.1 参考资料

GB/T 17622—2008 带电作业用绝缘手套

GB 26859—2011 电力安全工作规程 电力线路部分

GB 26860—2011 电力安全工作规程 发电厂和变电站电气部分

GB 26861—2011 电力安全工作规程 高压试验室部分

GB 26164.1—2010 电业安全工作规程 第1部分：热力和机械

DL/T 1476—2015 电力安全工器具预防性试验规程

Q/GDW1799.1—2013 国家电网公司电力安全工作规程 变电部分

Q/GDW1799.2—2013 国家电网公司电力安全工作规程 线路部分

国家电网安质〔2014〕265号 国家电网公司电力安全工作规程 配电部分（试行）

国家电网安质〔2016〕212号 国家电网公司电力安全工作规程 电网建设部分（试行）

国网（安监/4）289—2014 国家电网公司电力安全工器具管理规定

13.2　定义、分类、结构、用途及限制条件、标识

13.2.1　定义

绝缘手套是由绝缘橡胶或绝缘合成材料制作，起电气辅助绝缘作用，用来防止工作人员手部触电的个体防护装备。

13.2.2　分类

（1）绝缘手套分为带电作业和辅助型。电力行业普遍按照带电作业绝缘手套进行配置，按照辅助型绝缘手套要求使用。

（2）按照电压等级：分别为0.4kV、3kV、10kV、20kV、35kV。

13.2.3　结构

绝缘手套为一体式结构，分为手指、分岔、手腕、袖套、袖卷边等各部位。各部位见图13–1。

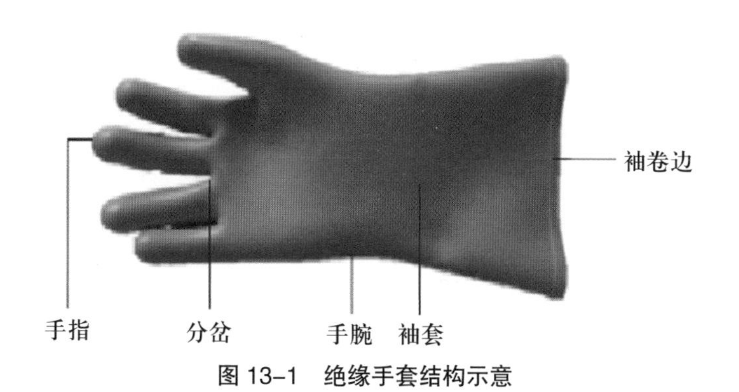

图13–1　绝缘手套结构示意

13.2.4　用途及限制条件

（1）用于高压验电、装拆接地线等电气倒闸操作。

（2）不能直接接触带电体。

13.2.5 标识

绝缘手套的标识由永久标识和产品说明组成。

（1）永久标识包括：

a. 产品名称；

b. 电压等级；

c. 执行标准；

d. 符合标准；

e. 使用范围；

f. 带电作业标志（双三角形）；

g. 制造厂名称；

h. 制造年月。

（2）产品说明包括：

a. 制造厂名称；

b. 类别；

c. 等级；

d. 规格；

e. 长度；

f. 袖口形状。

13.3 使用要求

13.3.1 使用前检查

（1）根据作业设备电压等级，选择相应的绝缘手套。

（2）绝缘手套内外表面干燥、清洁和平滑，无划痕、裂缝、折缝和孔洞等，无粘黏现象。

（3）在试验周期内。

（4）用卷曲法或充气法检查手套无漏气。

13.3.2 使用及注意事项

1. 使用

（1）戴绝缘手套，手套的指孔与使用者的双手吻合。

（2）将上衣袖口套入绝缘手套筒内。

（3）进行操作。

（4）使用完毕，检查确认无异常后放回存放处。

2. 注意事项

（1）使用中防止挤压和尖锐物体碰撞，禁止手套与油、酸、碱或其他有害物质接触，并距离热源1m以上。

（2）操作过程中严禁取下手套。

13.4 管理维护

13.4.1 一般性维护保养要求

（1）绝缘手套应在安全工器具室内定置存放在标准模具上，贮存环境宜为-15~+35℃，相对湿度80%以下，避免阳光直射、雨雪浸淋，防止挤压和尖锐物体碰撞。

（2）每月进行一次清扫检查，保持清洁。

13.4.2 周期性试验项目

（1）试验项目：工频耐压及泄漏电流试验。

（2）试验周期：6个月。

13.4.3 使用期限及报废条件

（1）在试验周期内使用。

（2）有下列情形应报废：

a. 外观检查有破损、霉变、针孔、裂纹、砂眼、割伤的；

b. 试验不合格的。

第 14 章　绝缘靴

14.1 参考资料

GB 12011—2011 足部防护 电绝缘鞋

GB 26859—2011 电力安全工作规程 电力线路部分

GB 26860—2011 电力安全工作规程 发电厂和变电站电气部分

GB 26861—2011 电力安全工作规程 高压试验室部分

GB 26164.1—2010 电业安全工作规程 第1部分：热力和机械

GB/T 14286—2008 带电作业工具设备术语

DL/T 1476—2015 电力安全工器具预防性试验规程

DL/T 976—2005 带电作业工具、装置和设备预防性试验规程

Q/GDW 1799.1—2013 国家电网公司电力安全工作规程 变电部分

Q/GDW 1799.2—2013 国家电网公司电力安全工作规程 线路部分

国家电网安质〔2014〕265号 国家电网公司电力安全工作规程 配电部分（试行）

国家电网安质〔2016〕212号 国家电网公司电力安全工作规程 电网建设部分（试行）

国网（安监/4）289—2014 国家电网公司电力安全工器具管理规定

14.2　定义、分类、结构、用途及限制条件、标识

14.2.1　定义

由绝缘材料制成，带有防滑鞋底，用来防止工作人员脚部触电的个体防护装备。

14.2.2　分类

按照电压等级一般分为 6kV、20kV、25kV、35kV 绝缘靴。电力行业普遍按照带电作业绝缘靴进行配置，按照辅助型绝缘靴要求使用。

14.2.3　结构

绝缘靴为一体式结构，分为靴筒、靴帮、外底等部位。各部位见各图 14–1。

图 14–1　绝缘靴结构示意

14.2.4　用途及限制条件

（1）使人体与地面绝缘，在高压操作时与地保持绝缘。

（2）设备正常巡视应穿绝缘鞋；雨雪、大风天气或事故巡

视，巡视人员应穿绝缘靴或绝缘鞋。

（3）绝缘靴未经定期检验或检验不合格的不准使用。

14.2.5 标识

绝缘靴的标识由永久标识和产品说明组成。

（1）永久标识包括：

a. 产品名称；

b. 适用电压范围；

c. 执行标准；

d. 鞋号；

e. 制造厂名称；

f. 电绝缘字样（或英文 EH）；

h. 耐电压数值；

i. 电绝缘性能出厂检验合格印章。

（2）产品说明包括：

a. 使用说明书；

b. 产品合格证；

c. 生产许可证；

d. 执行标准；

e. 使用须知；

f. 等级；

g. 制造商的名称、地址和联系方式。

14.3 使用要求

14.3.1 使用前检查

（1）根据作业场所电压等级，选用绝缘靴。

（2）标识齐全，在试验有效期内。

（3）表面干燥、清洁，无损伤、裂纹、磨损、破漏或划痕等缺陷。

（4）帮底完好。鞋底（跟）磨损不超过 1/2。鞋底无防滑齿磨平、外底磨露出绝缘层等现象。

14.3.2　使用及注意事项

1. 使用

（1）穿好绝缘靴。

（2）将裤管套入靴筒内。

（3）进入工作现场。

（4）使用后检查，确认无异常后放回存放处。

2. 注意事项

（1）低压绝缘靴禁止在高压电气设备上作为安全辅助用具使用，高压绝缘靴可以作为高压和低压电气设备上辅助安全用具使用。无论穿低压或高压绝缘靴，均不得直接接触带电设备。

（2）使用中不可与酸碱油类物质接触，防止尖锐物刺伤。低压绝缘靴若底花纹磨光，露出内部颜色时不能作为绝缘靴使用。

（3）雨、雪、大风天气或事故巡线时，巡视人员应穿绝缘靴或绝缘鞋。

14.4　管理维护

14.4.1　一般性维护保养要求

（1）在安全工器具室内定置存放，干燥通风，防止霉变。

（2）堆放离开地面和墙壁 0.2m 以上，离开热源 1m 以外。避免受油、酸碱类或其他腐蚀品的影响，防止挤压和尖锐物体碰撞。

（3）每月进行一次清扫检查，保持清洁。

14.4.2 试验

（1）试验项目：工频耐压及泄漏电流试验。

（2）试验周期：6个月。

14.4.3 使用期限及报废条件

（1）在试验周期内使用。

（2）有下列情形应报废：

a. 有腐蚀破损的；

b. 定期电性能试验不合格的。

第 15 章　脚扣

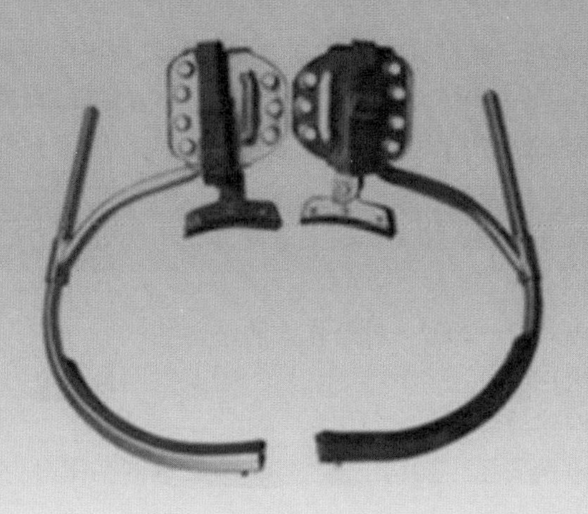

15.1 参考资料

GB 26859—2011 电力安全工作规程 电力线路部分

GB 26164.1—2010 电业安全工作规程 第1部分：热力和机械

AQ 6109—2012 坠落防护 登杆脚扣

DL/T 1475—2015 电力安全工器具配置与存放技术要求

DL/T 1476—2015 电力安全工器具预防性试验规程

DL 5009.2—2013 电力建设安全工作规程 第2部分：电力线路

Q/GDW 1799.2—2013 国家电网公司电力安全工作规程 线路部分

Q/GDW 162—2007 杆塔作业防坠落装置

国家电网安质〔2016〕212号 国家电网公司电力安全工作规程 电网建设部分（试行）

国家电网安质〔2014〕265号 国家电网公司电力安全工作规程 配电部分

国网（安监/4）289—2014 国家电网公司电力安全工器具管理规定

15.2 定义、分类、结构、用途及限制条件、标识

15.2.1 定义

脚扣是穿戴于脚部，供作业者从事电杆攀登作业的登高工器具。

15.2.2　分类

脚扣分为固定式和可调节式，见图 15–1。

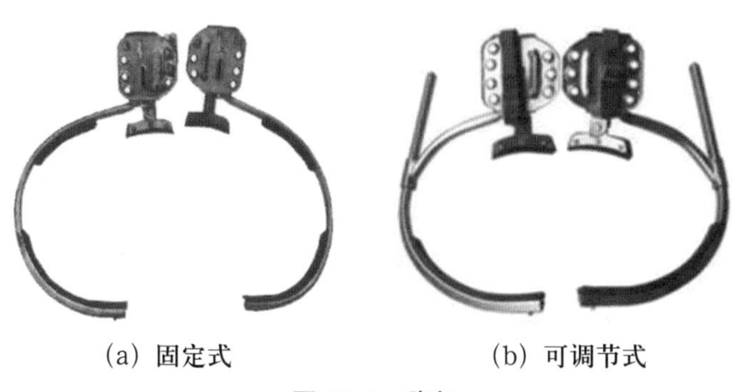

图 15–1　脚扣

15.2.3　结构

脚扣由踏板、扣带、防滑块、钩体、扣体等部分组成，见图 15–2。

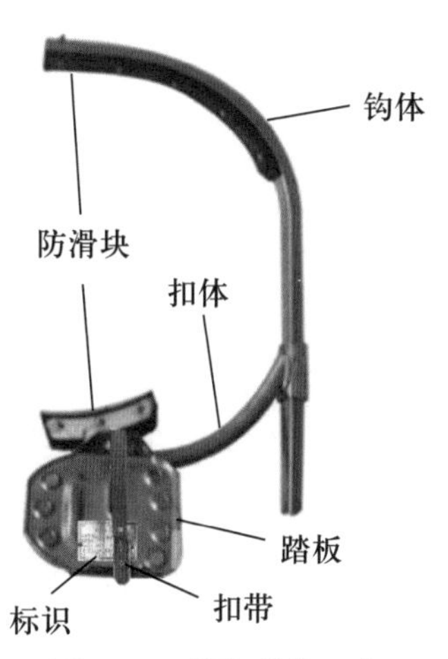

图 15–2　脚扣结构示意

15.2.4 用途及限制条件

（1）用途：用于攀登电杆作业，应同时辅助安全带或者安全绳使用。

（2）限制条件：脚扣的尺寸应与杆径相适应，禁止大脚扣上“小”杆。

15.2.5 标识

a. 产品名称及标记；

b. 标准号；

c. 制造厂名；

d. 生产日期；

e. 试验标签。

15.3 使用要求

15.3.1 使用前检查

（1）脚扣上的各标识齐全、结构完整牢固，预防性试验在试验周期内。

（2）金属母材及焊缝无任何裂纹和目测可见的变形，表面光洁、无麻点，焊接部位表面无气孔、夹渣和伤痕，边缘呈圆弧形。

（3）围杆钩在扣体内滑动灵活、可靠、无卡阻，保险装置可靠。

（4）橡胶防滑块与小爪钢板、围杆钩连接牢固，覆盖完整，无破损。

（5）扣带完好，无缝接，端部无散丝；止脱扣良好，无霉变、裂缝或严重变形。

15.3.2 使用及注意事项

1. 使用

（1）双脚穿上脚扣，根据鞋大小调整好扣带。

（2）试蹬。将脚扣扣入水泥杆上，离地150~200mm，一只脚站立在脚扣踏板上，双手扶住水泥杆，对脚扣进行动态冲击试验，脚扣无突然下滑现象。同样方法试蹬另一只。

（3）再次检查各部位完好。

（4）将安全带绕过杆体扣在腰带扣上，两手掌上下扶住电杆，上身离开电杆（约350mm左右），臀部向后下方坐，使上体成弓形。

（5）脚扣与杆体接触牢固，左脚向后下方用力蹬实。

（6）身体重心移到左脚上，抬起右脚，使扣体呈水平方向扣在水泥杆上，确认扣实后，右脚向后下方用力蹬实。

（7）将重心移到右脚上，如此反复依次向上攀登。每向上攀登前，将安全带向上移到合适位置。

（8）下杆时，检查脚扣扣实，防止脚扣脱落，脚扣使用方法与上杆相同。

2. 注意事项

（1）登杆过程中，随杆径变化及时调整脚扣。若要调整左脚扣，左手扶住电杆用右手调整，调整右脚扣与其相反。

（2）快到杆顶时，要注意防止横担碰头，到达工作位置后，将脚扣扣牢登稳，在电杆的牢固处系好安全带，即可开始工作。

（3）严禁从高处往下扔摔脚扣。

（4）电杆如有伤痕、裂缝或倾斜严重，禁止登杆。

（5）在雨、雪、冰、冻等恶劣环境下使用脚扣作业时，应采取可靠的防滑措施。

15.4 管理维护

15.4.1 一般性维护保养要求

（1）使用后进行外观清理、检查，确认无异常后方可按规定保管或存放。

（2）脚扣由专人保管，存放于通风、干燥环境，避免接触热源、腐蚀性物质、有机溶剂，避免阳光直射。

15.4.2 周期性试验项目

（1）试验项目：静负荷试验。

（2）试验周期：1 年。

15.4.3 使用期限及报废条件

脚扣在试验周期内使用。有下列情形者予以报废：

a. 外观检查不合格（如有破损、裂纹、断裂、变形、锈蚀严重）或扣带损伤；

b. 周期性试验和登杆前冲击试验不合格。

第 16 章　登高板

16.1 参考资料

GB 26859—2011　电力安全工作规程　电力线路部分

GB 26164.1—2010　电业安全工作规程　第 1 部分：热力和机械

DL/T 1475—2015　电力安全工器具配置与存放技术要求

DL/T 1476—2015　电力安全工器具预防性试验规程

DL 409—1991　电业安全工作规程　电力线路部分

Q/GDW 1799.2—2013　国家电网公司电力安全工作规程　线路部分

国家电网安质〔2016〕212 号　国家电网公司电力安全工作规程　电网建设部分（试行）

国家电网安质〔2014〕265 号　国家电网公司电力安全工作规程　配电部分

国网（安监 /4）289—2014　国家电网公司电力安全工器具管理规定

16.2 定义、分类、结构、用途及限制条件、标识

16.2.1 定义

登高板又称升降板、踏板或三角板，是攀登电杆的登高工器具。

16.2.2　分类

根据绳索的材质可分为白棕绳登高板、尼龙绳登高板和麻绳登高板。

16.2.3　结构

登高板由脚踏板、吊绳及挂钩组成，见图 16–1。

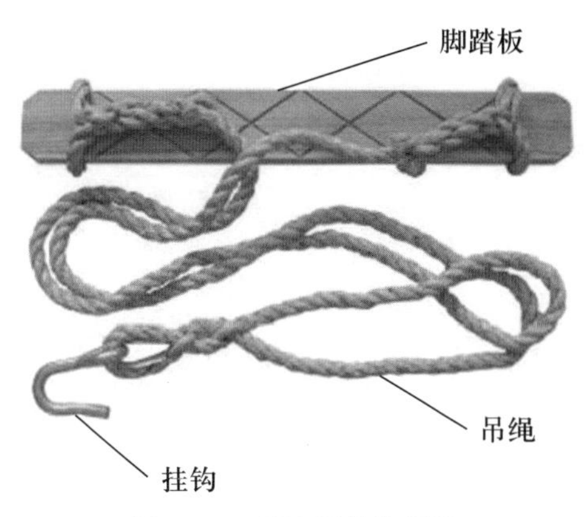

图 16–1　登高板结构示意

16.2.4　用途

登高板适用于攀登圆形杆柱等登高作业。

16.2.5　标识

（1）登高板的名称和规格；
（2）制造厂名；
（3）型号；
（4）制造日期；
（5）试验标签。

16.3 使用要求

16.3.1 使用前检查

（1）登高板上的各标识齐全、结构完整，预防性试验在试验周期内。

（2）钩子无裂纹、变形和严重锈蚀，心形环完整、下部有插花，绳索无断股、霉变或严重磨损。

（3）踏板防滑花纹清晰完整。

（4）绳扣接头每绳股连续插花不少于4道，绳扣与踏板间套接紧密。

16.3.2 使用及注意事项

1. 使用

（1）冲击试验。左手握绳、右手持钩，从电杆背面绕到正面，挂钩朝上挂好登高板，使踏板离地150~200mm。双手抱住电杆，双脚踩板，人体作向下冲击试验，踏板可靠、无下滑。两只登高板均要做冲击试验。

（2）将一只登高板背在身上（钩子朝电杆面，木板朝人体背面），另一只登高板在电杆适当位置（使踏板处于大腿部）挂稳，右手收紧（围杆）绳子并抓紧上板两根板绳。左手压紧踏板左端部，右脚登在板上，左脚绕到左边绳前侧绞紧板绳上板。

（3）同样方法挂好第二板后，右脚上板，左脚离开下板，登在杆上。右腿膝肘部从外侧扳紧右边绳子，向左侧身、左手握住下板挂钩处两根板绳，脱钩取板。左脚上板绞紧左边绳，依次交替进行完成登杆。

（4）下杆时，在大腿部对应杆身上挂板。

（5）左手握住上板左边绳，右手握上板两根板绳。抽出左腿，侧身、左手压登高板左端部，左脚蹬在电杆上，右腿膝肘部扳紧绳子并向外顶出，使上板离开电杆靠近左大腿。

（6）左手松出，在下板挂钩100mm左右处握住板绳，左右摇动使其顺杆下落，同时左脚下滑至适当位置蹬杆，定住下板绳。

（7）左手握住上板左边绳，右手松出左边绳、只握右边绳，双手下滑，同时右脚离开上板、踩实下板。左腿绞紧左边绳，踩下板。

（8）左手扶杆，右手握住上板，向上晃动松下上板，挂下板，依次交替进行完成下杆工作。

2. 注意事项

（1）电杆如有伤痕、裂缝，或倾斜严重，禁止登杆。

（2）登高板的挂钩钩口应朝外、朝上，严禁反向。

（3）特殊天气使用登高板应采取防滑措施。

16.4　管理维护

16.4.1　一般性维护保养要求

（1）登高板置于通风良好、清洁干燥、避免阳光直晒和无腐蚀、无有害物质的场所保存，并与热源保持1m以上的距离。

（2）登高板成副存放，登高板的绳索有序缠绕于板体后存放。

16.4.2　周期性试验项目

（1）试验项目：静负荷试验。

（2）试验周期：半年。

16.4.3　使用期限及报废条件

登高板在试验周期内使用。有下列情形者予以报废：

a. 外观检查不合格（如有霉烂、腐蚀、损伤）或绳索损伤（如有松股、散股、严重磨损、断股）；

b. 周期性试验和登杆前冲击试验不合格。

第 17 章　梯子

17.1 参考资料

GB/T 17889.1—2012　梯子　第1部分：术语、型式和功能尺寸

GB/T 17889.2—2012　梯子　第2部分：要求、试验和标志

GB/T 17889.3—2012　梯子　第3部分：使用说明书

GB 26859—2011　电力安全工作规程　电力线路部分

GB 26861—2011　电力安全工作规程　高压试验室部分

GB 26164.1—2010　电业安全工作规程　第1部分：热力和机械

DL/T 1475—2015　电力安全工器具配置与存放技术要求

DL/T 976—2005　带电作业工具、装置和设备预防性试验规程

Q-GDW 1799.1—2013　国家电网公司电力安全工作规程　变电部分

Q/GDW 1799.2—2013　国家电网公司电力安全工作规程　线路部分

国家电网安质〔2016〕212号　国家电网公司电力安全工作规程　电网建设部分（试行）

国家电网安质〔2014〕265号　国家电网公司电力安全工作规程　配电部分

国网（安监/4）289—2014　国家电网公司电力安全工器具管理规定

国电发〔2002〕777号　电力安全工器具预防性试验规程（试行）

17.2　定义、分类、结构、用途及限制条件、标识

17.2.1　定义

梯子是供人上下的登高工器具。

17.2.2　分类

梯子分为人字梯、直梯、伸缩梯，一般由竹（木）、金属、复合材料制成。

17.2.3　结构

梯子由踏棍（踏板）、梯框和梯脚组成，见图 17–1。

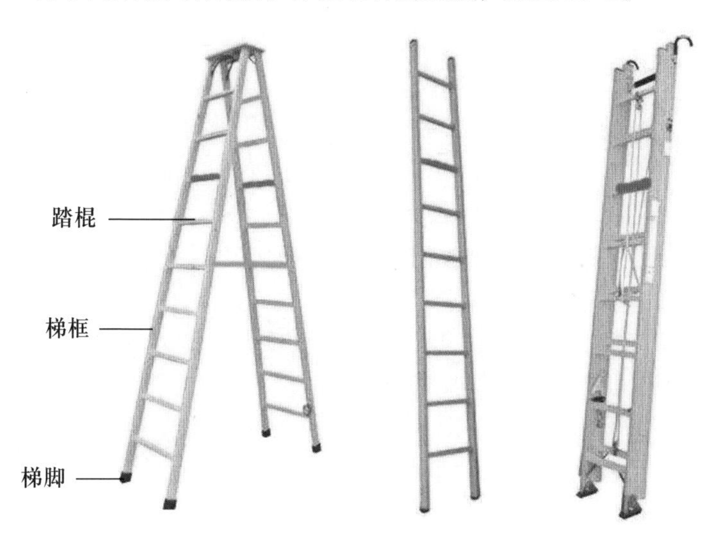

图 17–1　梯子结构示意

17.2.4 用途及限制条件

（1）用途：梯子用于作业人员上下攀登。

（2）限制条件：在带电区域内或临近带电线路处，禁止使用金属梯子。

17.2.5 标识

（1）生产厂商名称；

（2）基本危险警示标识；

（3）最大总载荷；

（4）梯子型式；

（5）生成年月和序列号；

（6）成品梯子重量；

17.3 使用要求

17.3.1 使用前检查

（1）梯子外观良好、无弯曲变形，表面光滑、无裂缝、无脱落层，各部件连接牢固，活动部件操作灵活。竹梯、木梯无虫蛀、无腐蚀。

（2）梯子的防滑装置、防散架措施、限制开度装置完好无损，连接铰链、铆接销钉完好无损。

（3）梯子的限高标识、编号标识、标识信息清晰明显。

（4）梯子上无污垢，如湿油漆、泥巴、油污或冰雪。

17.3.2 使用及注意事项

1. 使用

（1）使用前，先进行试登，确认可靠后方可使用。

（2）根据工作位置，将梯子架设在不会发生移动的平坦水平承载面上，梯子上端依靠在固定牢靠的位置，自立式梯子调整铰链长度使梯子张开合适角度，依靠式梯子调整好梯子与地面的夹角。

（3）攀爬时身体重心尽量靠近梯子，俯身向上爬，双手握住梯子的两侧立柱，平稳匀速逐阶向上爬。

（4）同时至少一名人员扶持梯子进行保护（同时防止梯子侧歪），并用脚踩住梯子的底脚，以防底脚发生移动。

（5）在梯子上作业时，身体保持在梯框的踏棍中间，保持正直，不能伸到外面。

（6）下梯子时，面向梯子逐阶而下，不可背向梯子。

2. 注意事项

（1）在通道上使用梯子时，设监护人或设置临时围栏。梯子不准放在门前使用，必要时采取防止门突然开启的措施。

（2）梯子不得接长或垫高使用。

（3）梯子与地面的夹角为 60° 左右，工作人员必须在距梯顶 1m 以下的踏棍上工作。

（4）靠在管子上、导线上使用梯子时，其上端需用挂钩挂住或用绳索绑牢。

（5）严禁人在梯子上时移动梯子。

（6）搬动梯子时，放倒两人搬运，并与带电部分保持安全距离。

17.4　管理维护

17.4.1　一般性维护保养要求

（1）梯子不用时由专人保管，存放于通风、干燥环境，避免接触热源、腐蚀性物质、有机溶剂，避免阳光直射。

（2）将梯子放在车顶架上或车厢内运输时，妥善放置，防止造成损坏。

17.4.2 周期性试验项目

（1）竹（木）梯的试验项目为静负荷试验，试验周期为半年。

（2）复合材料（绝缘）梯的试验项目为静负荷试验和工频耐压试验，试验周期分别为半年和1年。

17.4.3 使用期限及报废条件

梯子在试验周期内使用。有下列情形者予以报废：

a. 外观检查不合格（如有变形、裂纹、断裂、弯曲严重、锈蚀严重）；

b. 周期性试验和登杆前冲击试验不合格。

第 18 章　软梯

18.1 参考资料

GB 26859—2011　电力安全工作规程　电力线路部分

GB 26860—2011　电力安全工作规程　发电厂和变电站电气部分

GB 26861—2011　电力安全工作规程　高压试验室部分

GB 26164.1—2010　电业安全工作规程　第 1 部分：热力和机械

CB/T 3142—2013　引航员软梯

DL/T 1476—2015　电力安全工器具预防性试验规程

DL 5009.2—2013　电力建设安全工作规程　第 2 部分：电力线路

Q/GDW 1799.2—2013　国家电网公司电力安全工作规程　线路部分

国家电网安质〔2016〕212 号　国家电网公司电力安全工作规程　电网建设部分（试行）

国网（安监 /4）289—2014　国家电网公司电力安全工器具管理规定

18.2 定义、分类、结构、用途及限制条件、标识

18.2.1 定义

软梯是一种用于高空作业和攀登的登高工器具。

18.2.2　分类

按使用特性可分为绝缘软梯和普通软梯，见图 18–1。本章以绝缘软梯为重点介绍。

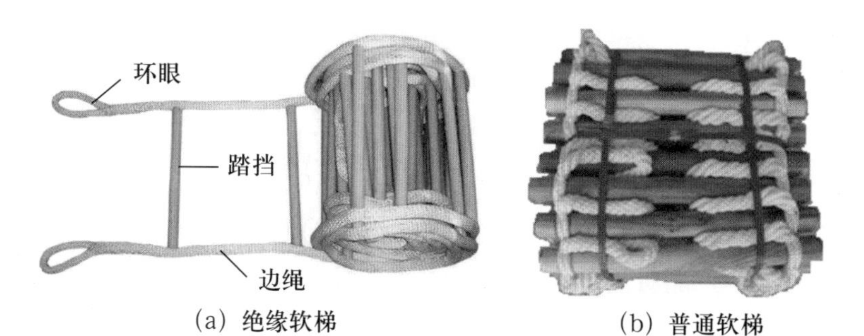

（a）绝缘软梯　（b）普通软梯

图 18–1　软梯结构示意

18.2.3　结构

软梯由环眼、踏挡和边绳三部分构成，见图 18–1（a）。软梯的绝缘长度应符合表 18–1 的规定。

表 18–1　软梯长度的要求

电压等级（kV）	最短有效绝缘长度（m）
10	0.40
35	0.60
66	0.70
110	1.00
220	1.80

18.2.4 用途及限制条件

（1）用途：绝缘软梯用于带电作业时高空攀登。

（2）限制条件：禁止在瓷横担线路上使用软梯。

18.2.5 标识

（1）制造厂名称与标记；

（2）产品名称；

（3）产品规格；

（4）生成日期；

（5）产品质量合格印记；

（6）试验标签。

18.3 使用要求

18.3.1 使用前检查

（1）软梯无损坏、受潮、变形、失灵。

（2）标识清晰，每股绝缘绳索及每股线紧密绞合，无松散、分股。

（3）绳索各股及各股中丝线无叠痕、凸起、压伤、背股、抽筋等缺陷，无错乱、交叉的丝、线、股。

（4）无股接头，单丝接头封闭于绳股内部。

（5）经防潮处理后的绝缘绳索表面无油渍、污迹、脱皮等。

（6）使用2500V及以上绝缘电阻表或绝缘检测仪进行分段绝缘检测，阻值不低于700MΩ。

18.3.2 使用及注意事项

1. 使用

（1）载荷试验。2~3人的重量加在软梯上，软梯受力后无异常。

（2）软梯头架和梯身连接牢固后，将软梯头架绑在跟头滑车绝缘绳上拉起。

（3）待软梯升至导线处，使软梯头架两个挂钩横线路方向穿过导线，将导线置于两个挂钩之间，再顺两个挂钩开口方向扭转梯身，将软梯挂在导线上。

（4）攀登时，地面人员设法将梯身拉至垂直状态。

（5）作业人员在爬软梯的整个过程中，主要靠手部用力，并系安全保险绳。

（6）登至作业点后，梯身可按需要拉至一定角度固定。

（7）使用完毕后，缠绕成卷放回存放处。

2. 注意事项

（1）软梯上只准一人工作，并使用安全带。工作人员到达梯头上进行工作和梯头开始移动前，将梯头的封口可靠封闭，否则使用保护绳防止梯头脱钩。

（2）在转动横担的线路上挂梯前将横担固定。

（3）在导线或地线上悬挂软梯前，检查本档两端杆塔处导线或地线的紧固情况，无误后方可攀登。

（4）工作现场软梯放置在防潮的帆布或绝缘垫上。

18.4　管理维护

18.4.1　一般性维护保养要求

软梯由专人保管，存放于通风良好、清洁干燥的带电作业工具房内。

18.4.2　周期性试验项目

（1）试验项目：软梯的试验项目为工频耐压试验和静负荷试验。

（2）试验周期：分别为 1 年和半年。

18.4.3 使用期限及报废条件

软梯在试验周期内使用。有下列情形者予以报废：

a. 外观检查不合格（如有磨损、破损、松动、脱节等）；

b. 周期性试验和登梯前载荷试验不合格。

第 19 章　绝缘绳

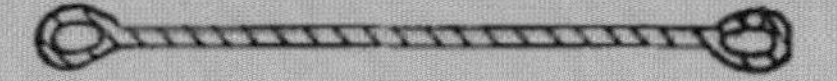

19.1 参考资料

GB 26859—2011 电力安全工作规程 电力线路部分

GB 26860—2011 电力安全工作规程 发电厂和变电站电气部分

GB 26861—2011 电力安全工作规程 高压试验室部分

GB 26164.1—2010 电业安全工作规程 第1部分：热力和机械

GB/T 13035—2008 带电作业用绝缘绳索

DL/T 1475—2015 电力安全工器具配置与存放技术要求

DL/T 974—2005 带电作业用工具库房

DL 779—2001 带电作业用绝缘绳索类工具

Q/GDW 1799.2—2013 国家电网公司电力安全工作规程 线路部分

国家电网安质〔2016〕212号 国家电网公司电力安全工作规程 电网建设部分（试行）

国家电网安质〔2014〕265号 国家电网公司电力安全工作规程 配电部分

国网（安监/4）289—2014 国家电网公司电力安全工器具管理规定

19.2　定义、分类、结构、用途及限制条件、标识

19.2.1　定义

绝缘绳是由天然纤维材料或合成纤维材料制成的具有良好电气绝缘性能的绝缘工器具。

19.2.2　分类

按用途分为绝缘消弧绳、绝缘承重绳、绝缘保险绳、绝缘测距绳。

本章以绝缘承重绳为重点介绍。

19.2.3　结构

绝缘绳由天然纤维材料或合成纤维材料制成股绳后编织而成（图 19–1）。

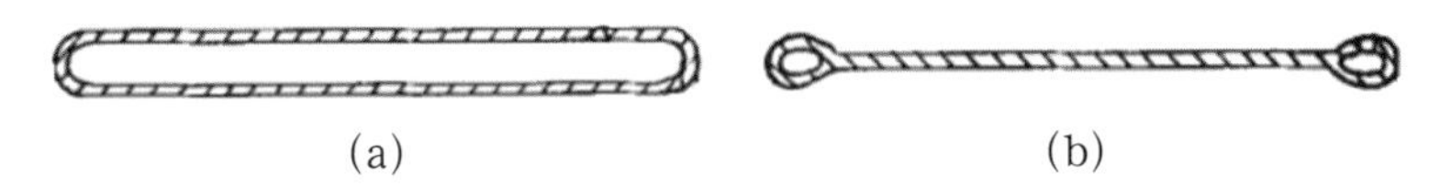

(a)　　(b)

图 19–1　绝缘绳

19.2.4　用途及限制条件

（1）用途：绝缘绳在带电作业中用于挂接吊钩、吊杆、滑轮、卸扣等工器具，或固定绝缘隔板和验电、装（拆）接地线。

（2）限制条件：绝缘绳用于各电压等级时的最小有效绝缘长度见表 19–1。

表 19–1　绝缘绳最小有效绝缘长度

名称	电压等级（kV）	有效绝缘长度（m）
绝缘绳	10	0.4
	35	0.6
	66	0.7
	110	1.0
	220	1.8

19.2.5　标识

（1）制造厂名称；
（2）产品规格、型号；
（3）检验员印记；
（4）生产批号；
（5）制造日期；
（6）试验标签。

19.3　使用要求

19.3.1　使用前检查

（1）外观检查无磨损、断股、污秽及受潮，长度合适，标志清晰。

（2）每股绝缘绳及每股线紧密绞合，无松散、分股。

（3）绳索各股及各股中丝线无叠痕、凸起、压伤、背股、抽筋等缺陷，无错乱、交叉的丝、线、股。

（4）无股接头，单丝接头封闭于绳股内部。

19.3.2 使用及注意事项

1. 使用

（1）将绝缘绳穿过滑轮，由塔上作业人员携带滑轮登塔，并将滑轮在合适位置固定牢固可靠；

（2）地面作业人员用绝缘绳套打好绳结，套在需要传递的物件上，并收紧绳结；

（3）由2~3名地面作业人员用力拉另一端绝缘绳，使重物上升，同时1名地面作业人员控制重物端绝缘绳，使重物远离塔身；

（4）使用完毕后，缠绕成卷放回存放处。

2. 注意事项

（1）绝缘绳一般与滑轮配合使用，绝缘绳的受力不应大于绝缘绳的允许拉力。

（2）用绝缘绳传递大件金属物品时，杆塔或地面上作业人员应将金属物品接地后再接触，以防电击。

（3）使用时，绝缘绳避免暴露在高温、阳光下，避免和机油、油脂、变压器油、工业乙醇等接触，严禁与强酸、强碱等物质接触。

（4）工作场所，绝缘绳放置在防潮的帆布或绝缘垫上。

19.4 管理维护

19.4.1 一般性维护保养要求

（1）绝缘绳在运输中防止受潮、淋雨、暴晒等，内包装运输可采用塑料袋，外包装运输可采用帆布袋或专用皮（帆布）箱。

（2）绝缘绳存放在干燥、通风、避免阳光直晒、无腐蚀及有害物质的带电作业工具房内，并与热源保持1m以上的距离。

19.4.2 周期性试验项目

（1）试验项目：工频干闪电压试验和断裂强度试验。

（2）试验周期：均为半年。

19.4.3 使用期限及报废条件

绝缘绳在试验周期内使用。有下列情形者予以报废：

a. 外观检查不合格（如有破损、断裂、受潮、霉变等）；

b. 周期性试验不合格。

第 20 章　风速仪

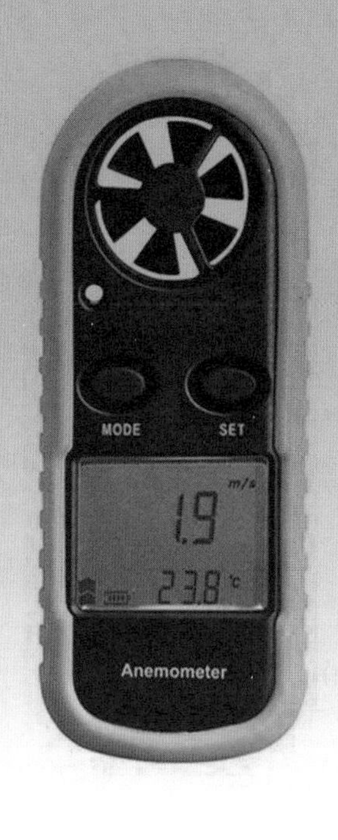

20.1 参考资料

GB/T 30494—2014　船舶和海上技术　船用风向风速仪

GB/T 28591—2012　风力等级

GB 26859—2011　电力安全工作规程　电力线路部分

GB 26860—2011　电力安全工作规程　发电厂和变电站电气部分

GB 26164.1—2010　电业安全工作规程　第 1 部分：热力和机械

JJF 1452—2014　电接风向风速仪型式评价大纲

JB/T 11258—2011　数字风向风速测量仪

JJG 0001—1992　热球式风速仪检定规程

JJG 613—1989　电接风向风速仪检定规程

Q-GDW 1799.1—2013　国家电网公司电力安全工作规程　变电部分

Q/GDW 1799.2—2013　国家电网公司电力安全工作规程　线路部分

国家电网安质〔2014〕265 号　国家电网公司电力安全工作规程　配电部分

国网（安监/4）289—2014　国家电网公司电力安全工器具管理规定

20.2　定义、分类、结构、用途及限制条件、标识

20.2.1　定义

风速仪是测量空气流速的仪器。

20.2.2　分类

风速仪分为便携式和专业式。
本章以便携式叶轮风速仪为重点介绍。

20.2.3　结构

风速仪由风轮、功能键和显示屏组成，见图 20–1。

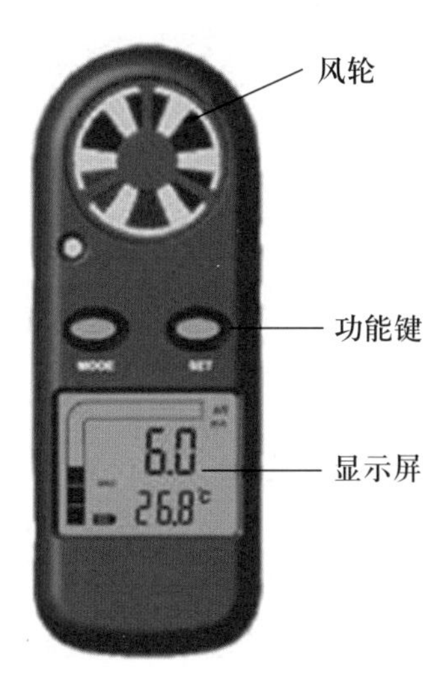

图 20–1　风速仪结构示意

20.2.4 用途及限制条件

1. 用途

风速仪用于露天高处作业、起重、杆塔组立、架线施工、砍伐树木、带电作业、动火等作业项目前的环境风速测量，风速在规程要求范围内方可作业，具体要求见表 20–1。

表 20–1 作业项目及风力大小要求表

序号	作业项目	风力要求
1	带电水冲洗	4 级及以下风力
2	跨越带电线路架线施工	5 级及以下风力
	带电线路杆塔上作业	
	同杆塔多回线路中部分线路停电的作业	
	带电作业	
	砍伐树木	
	露天焊接、切割、动火	
	露天高处作业	
3	露天起重	6 级及以下风力
	水上或索道运输	
	电缆施工	
	杆塔组立、架线施工	

风级和风速大小的对应关系见表 20–2。

表 20-2　风级和风速大小对应关系表

风级	风速（m/s）
3	3.4~5.4
4	5.5~7.9
5	8.0~10.7
6	10.8~13.8
7	13.9~17.1

2. 限制条件

风速仪的正常使用条件为：

温度：-40℃~+55℃；

湿度：≤ 100%；

风速范围：最大风速不得超过风速仪测量范围的 10%。

20.2.5　标识

（1）风速仪的名称和类型；

（2）测量范围；

（3）产品编号；

（4）生成日期或代码；

（5）制造商名称或代码；

（6）检定标签。

20.3　使用要求

20.3.1　使用前检查

（1）标识清晰、完整，机器表面光洁、无变形，显示屏无破损。

（2）机械安装可靠，紧固件无松动、脱落；焊接组件无漏焊、虚焊。

（3）电池盒内电池极性安装正确。

（4）打开电源，显示屏正确显示，电池电量充足。

（5）操作功能键，显示屏显示状态正确转换。

20.3.2 使用及注意事项

1. 使用

（1）打开开关，风速仪通电启动，调整功能键到测量界面；

（2）正确调整风速仪风轮位置，使叶轮轴向顺着气流的来向；

（3）轻轻转动探头时，示值会随之发生变化，当读数达到最大值时，即表明探头处于正确测量位置，屏幕上显示的风速值即为当前风速；

（4）检测结束后，关闭电源。

2. 注意事项

（1）避免在高温、高湿场所使用风速仪。

（2）禁止在可燃性气体环境中使用风速仪。

20.4 管理维护

20.4.1 一般性维护保养要求

（1）贮存温度为 -55 ℃~+60 ℃，相对湿度不大于95%（35℃）。

（2）贮存地点不应有酸、碱及其他腐蚀性气体。

（3）不要将风速仪放置在高温、高湿、多尘和阳光直射的地方。

（4）不要用挥发性液体来擦拭风速仪。风速仪表面有污渍时，可用柔软的织物和中性洗涤剂来擦拭。

（5）不要摔落或重压风速仪。

（6）风速仪长期不使用时，请取出内部的电池。

20.4.2　周期性试验项目

风速仪的检验应每年到法定计量检定单位检定。

20.4.3　使用期限及报废条件

风速仪在检定周期内使用。有下列情形者予以报废：

a. 外观检查不合格（如整机严重变形、部件缺失或损坏）或化学腐蚀严重；

b. 检定不合格。

第 21 章　安全围栏（网）

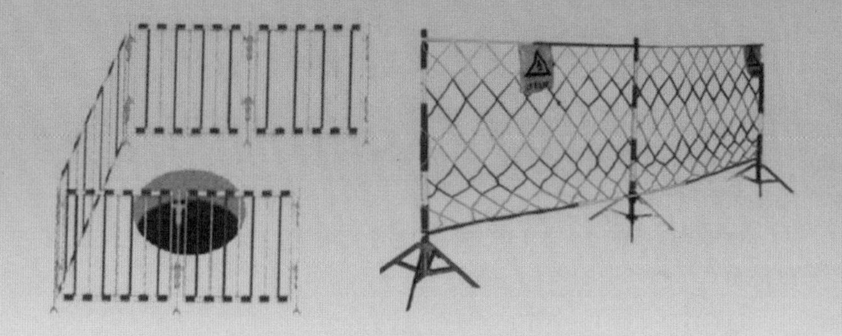

21.1 参考资料

GB 26859—2011　电力安全工作规程　电力线路部分

GB 26860—2011　电力安全工作规程　发电厂和变电站电气部分

GB 26861—2011　电力安全工作规程　高压试验室部分

GB 26164.1—2010　电业安全工作规程　第 1 部分：热力和机械

Q/GDW 1799.1—2013　国家电网公司电力安全工作规程　变电部分

Q/GDW 1799.2—2013　国家电网公司电力安全工作规程　线路部分

Q/GDW 434.1—2010　国家电网公司安全设施标准　第一部分：变电

Q/GDW 434.2—2010　国家电网公司安全设施标准　第二部分：电力线路

国家电网安质〔2016〕212 号　国家电网公司电力安全工作规程　电网建设部分（试行）

国家电网安质〔2014〕265 号　国家电网公司电力安全工作规程　配电部分（试行）

国网（安监 /4）289—2014　国家电网公司电力安全工器具管理规定

21.2　定义、分类、结构、用途及限制条件、标识

21.2.1　定义

安全围栏（网）是用来防止人、物坠落或者过分接近带电体，或者用在工作区域与非工作区域之间的临时性安全隔离装置。

21.2.2　分类

安全围栏（网）包括安全围栏和安全围网。根据所用材料分为硬质和软质两种。硬质的有金属型、环氧树脂伸缩型等；软质的有单柱双带型、安全网型等，安全网一般配支架使用，见图21–1。

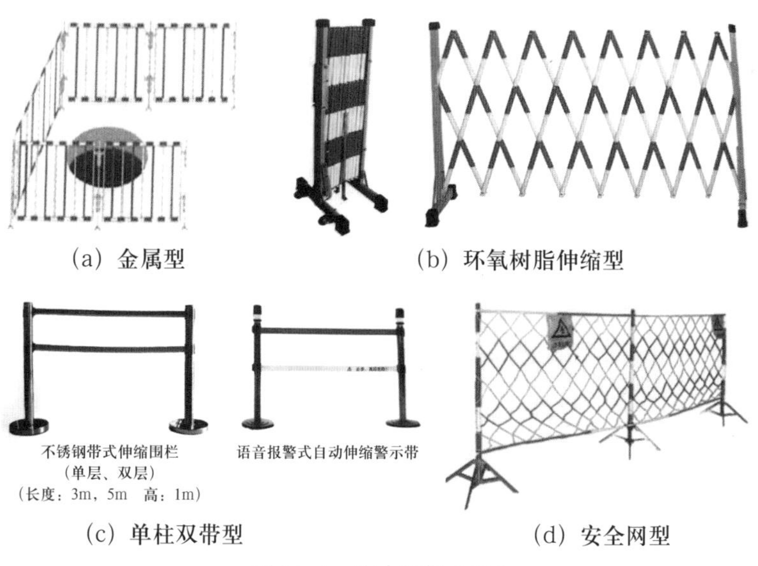

(a) 金属型　(b) 环氧树脂伸缩型　(c) 单柱双带型　(d) 安全网型

图21–1　安全围栏（网）

21.2.3 结构

结构上有栅式、网式，也有用彩带制成，高度一般为1050~1200mm。

21.2.4 用途及限制条件

1. 用途

安全围栏（网）主要适用于临时性的作业场所、通道、事故保护现场、高压试验场所、工作区域、运行屏柜等的隔离，包括但不限于以下场所：

（1）有可能高处落物的场所；

（2）检修、试验工作现场与运行设备的隔离；

（3）检修、试验工作现场规范工作人员活动范围；

（4）检修现场安全通道；

（5）检修现场临时起吊场地；

（6）防止其他人员靠近的高压试验场所；

（7）安全通道或沿平台等边缘部位，因检修拆除常设栏杆的场所；

（8）事故现场保护；

（9）需临时打开的平台、地沟、孔洞盖板周围等。

2. 限制条件

安全围栏（网）不能代替固定防护遮栏或长期替代区域隔离遮栏，也不能代替绝缘挡板使用。

21.2.5 标识

安全围栏（网）有产品名称、规格型号、制造商名称、生产日期等标识。软质的安全围网一般印有“止步，高压危险！”字样；硬质的安全围栏需另外悬挂“止步，高压危险！”标识牌。

21.3 使用要求

21.3.1 使用前检查

（1）结构完整，配件齐全，标示清晰，无断裂、霉变、连接部位松脱等现象。

（2）软质安全围网的支架外观醒目，无弯曲、无锈蚀，并能固定牢固。

21.3.2 使用及注意事项

本节以带支架的软质安全围网为例，介绍安全围栏（网）的使用方法及注意事项。

1. 使用

（1）预估需用围网长度及支架数量，集中运至现场。

（2）确定出入口。

（3）从出入口一端开始，沿着检修区域外围，间隔3m左右，依次放置支架，直至出入口的另一端。

（4）将围网摆在两个支架之间沿支架方向展开，围网上的“止步，高压危险！”字样在围网立起时应能面向工作地点。

（5）将围网一端的上中下三根固定绳保持同样的长度固定在支架上中下相应的挂钩上，然后将围网另一端拉起、扯平，固定在后面的支架上。

（6）全部装设完成后，以手触试，再次检查确认围网松紧合适，支柱受力平衡且垂直地面，不易倾倒。

（7）对多余出来的围网进行包扎，并固定在支架上防止散乱。

（8）在出入口处设置“从此进出”标识牌。

（9）工作结束后，拆除围网时依次将围网从支架上拆下，拼接的围网同时拆开。每条围网单独整理整齐、卷起，防止散开，不得窝成一团，以便下次使用。

2. 注意事项

（1）在室外部分停电的高压设备上工作，在工作地点四周装设安全围栏（网），其出入口要围至临近道路旁边或方便进出的地方。若室外配电装置的大部分设备停电，只有个别地点保留带电设备而其他设备无触及带电导体的可能时，可以在带电设备四周装设全封闭安全围栏（网），其他停电设备不必再设安全围栏（网）。

（2）在室内部分停电的高压设备上工作，在工作地点两旁和禁止通行的过道装设安全围栏（网），其出入口设在临近通行过道旁边。

（3）安全围栏（网）与带电部分的距离，不得小于表 21–1 的规定数值，并尽可能地远离带电部分。

表 21–1 安全围栏（网）与带电部分的安全距离

电压等级（kV）	安全距离（m）
10 及以下	0.7
35	1.00
110	1.50
220	3.00
500	5.00

（4）安全围栏（网）的设置必须牢固可靠，以防止安全围栏（网）倾倒，或者被大风刮起或脱落。软质安全围网尽量保持平直，上沿最低高度不小于 1050mm。

（5）安全围栏（网）只能预留一个出入口，设在临近道路旁边或方便进出的地方，出入口方向尽量背向或远离带电设备。

（6）安全围栏（网）范围的大小可根据现场实际情况和物体

不同高度的可能坠落范围半径设定，整齐美观。物体不同高度的可能坠落范围半径见表 21–2。

表 21–2　物体不同高度的可能坠落范围半径

作业高度 h（m）	$2\leqslant h\leqslant 5$	$5<h\leqslant 15$	$15<h\leqslant 30$	$h>30$
可能坠落范围半径（m）	3	4	5	6

（7）若软质安全围网长度不够，可以拼接使用。

（8）不得将安全围栏（网）装设在设备上。

（9）在城区、人口密集区或交通道口和通行道路上施工时，联系交通管理部门在工作场所周围装设遮栏。

（10）伸缩式围网收起时应由两人进行，一人用手扶住支柱，另外一人将彩带卡扣从下往上提起，手不能松开，顺着弹簧劲道缓慢往回放彩带，保持彩带竖直平顺全部收进支柱。

（11）安全围栏（网）设置后，不应构成对人身伤害、设备安全的潜在风险或妨碍正常工作。

21.4　管理维护

21.4.1　一般性维护保养要求

（1）定置存放在干燥通风的安全工器具室内，专人保管。

（2）存放时保持完整、清洁无污垢，成捆整齐存放。

21.4.2　使用期限及报废条件

结构破坏、断裂、霉变、连接部位松脱，支架弯曲、变形、锈蚀等无法修复影响安全使用功能的予以报废。

第 22 章　红布幔

运行设备

红布幔 2.4m×0.8m

22.1 参考资料

GB 26860—2011 电力安全工作规程 发电厂和变电站电气部分

GB 26861—2011 电力安全工作规程 高压试验室部分

GB 26164.1—2010 电业安全工作规程 第1部分：热力和机械

Q/GDW 1799.1—2013 国家电网公司电力安全工作规程 变电部分

Q/GDW 434.1—2010 国家电网公司安全设施标准 第一部分：变电

国网（安监/4）289—2014 国家电网公司电力安全工器具管理规定

22.2 定义、分类、结构、用途及限制条件、标识

22.2.1 定义

红布幔，别名红布帘，是用于变电站二次系统上工作时，将检修设备与运行设备前后以明显的标识隔开的安全防护设施。

22.2.2　分类

按文字方向可分为横向红布幔和竖向红布幔，见图 22–1。

运行设备

（a）横向红布幔

（b）竖向红布幔

图 22–1　红布幔

22.2.3　结构

红布幔由纯棉红布制成，印有“运行设备”字样，白色黑体字，颜色醒目，起警示作用。主要由红色纯棉布布帘和固定装置组成，尺寸一般为 2400mm × 800mm、1200mm × 800mm、650mm × 120mm，也可根据现场实际情况制作。布幔上下或左右两端设有绝缘隔离的磁铁或挂钩、布带。

22.2.4　用途及限制条件

（1）用途：主要适用于在室内设备上进行工作时，挂在运行屏柜上的警示标识。

（2）限制条件：磁吸式不能用于电磁保护屏柜上。

22.2.5 标识

红布幔有产品名称、规格型号、制造商名称、生产日期等标识，印有“运行设备”字样。

22.3 使用要求

22.3.1 使用前检查

（1）选择合适规格尺寸的红布幔；

（2）红布幔固定装置良好；

（3）红布幔无破损、褪色，字样清晰。

22.3.2 使用及注意事项

1. 使用

（1）准确定位工作屏；

（2）在工作屏左面的运行屏前门处，将红布幔居中放置，把上端固定；

（3）将红布幔垂直捋平，把下端固定；

（4）依次把红布幔装设在工作屏相邻的右面、前面、后面的运行屏柜上。

2. 注意事项

（1）装设红布幔时，将红布幔捋平、无褶皱。装设后，红布幔边沿横平竖直。

（2）同一平面内屏柜所设红布幔规格、尺寸、标高及安装位置统一，整齐排列。

（3）对于同屏多设备的工作，红布幔装设在工作屏柜前，以遮挡运行设备；装设在工作屏柜后，以遮挡运行端子排。

22.4　管理维护

22.4.1　一般性维护保养要求

（1）定置存放在干燥通风的安全工器具室内，专人保管。

（2）存放时保持完整、清洁无污垢，折叠整齐存放。

22.4.2　使用期限及报废条件

红布幔出现褪色、破损、老化、字迹不清晰等现象的予以报废。

第 23 章　安全标识牌

23.1 参考资料

GB 2893—2008 安全色

GB 2894—2008 安全标志及其使用导则

GB 26859—2011 电力安全工作规程 电力线路部分

GB 26860—2011 电力安全工作规程 发电厂和变电站电气部分

GB 26861—2011 电力安全工作规程 高压试验室部分

GB 26164.1—2010 电业安全工作规程 第1部分：热力和机械

GDW 1799.1—2013 国家电网公司电力安全工作规程 变电部分

Q/GDW 1799.2—2013 国家电网公司电力安全工作规程 线路部分

Q/GDW 434.1—2010 国家电网公司安全设施标准 第一部分：变电

Q/GDW 434.2—2010 国家电网公司安全设施标准 第二部分：电力线路

国家电网安质〔2016〕212号 国家电网公司电力安全工作规程 电网建设部分（试行）

国家电网安质〔2014〕265号 国家电网公司电力安全工作规程 配电部分（试行）

国网（安监/4）289—2014 国家电网公司电力安全工器具管理规定

23.2　定义、分类、结构、用途及限制条件、标识

23.2.1　定义

安全标识牌是用以表达特定安全信息的标识，见图 23-1。

(a) 禁止标识

(b) 警告标识

(c) 指令标识

(d) 提示标识

图 23-1　标识牌

23.2.2　分类

分为禁止标识、警告标识、指令标识、提示标识四种类型。

禁止标识是禁止或制止人们不安全行为的图形标识；警告标识是提醒人们对周围环境引起注意，以避免可能发生危险的图形标识；指令标识是强制人们必须做出某种动作或采用防范措施的图形标识；提示标识是向人们提供某种信息（如标明安全设施或场所等）的图形标识。

23.2.3　结构

基本结构由图形符号、安全色、几何形状（边框）和文字构成。

（1）禁止标识牌基本形式是一长方形衬底牌，上方是禁止标识（带斜杠的圆边框），下方是文字辅助标识（矩形边框）。长方形衬底色为白色，带斜杠的圆边框为红色，标识符号为黑色，辅助标识为红底白字、黑体字。

（2）警告标识牌的基本形式是一长方形衬底牌，上方是警告标识（正三角形边框），下方是文字辅助标识（矩形边框）。长方形衬底色为白色，正三角形边框底色为黄色，边框及符号为黑色，辅助标识为白底黑字、黑体字。

（3）指令标识牌的基本形式是一长方形衬底牌，上方是指令标识（圆形边框），下方是文字辅助标识（矩形边框）。长方形衬底色为白色，圆形边框色为蓝色，标识符号为白色，辅助标识为蓝底白字、黑体字。

（4）提示标识牌的基本形式是一正方形衬底牌和相应文字。正方形衬底色为绿色，标识符号为白色，文字为黑色（白色）黑体字。

23.2.4 用途及限制条件

（1）用途：装设在与安全有关场所的醒目位置，便于有关人员看到，并有足够的时间来注意它所表达的内容，以便告知现场工作人员，在其工作过程中引起注意，保证工作人员的安全。

（2）限制条件：用铝合金等制成的金属标识牌，不得悬挂在低压配电盘、配电箱、动力箱、检修电源箱及二次系统等带电设备的空开上，以免造成短路故障。

23.2.5 标识

（1）产品名称。

（2）制造商名称。

（3）生产日期。

23.3 使用方法

23.3.1 使用前检查

（1）正确选用标识牌。

（2）标识清楚、完整，字迹、色标清晰，无褪色。

23.3.2　使用及注意事项

1. 使用

常用安全标识牌设置范围和地点如下：

（1）禁止标识。

a.“禁止合闸，有人工作！”标识牌，悬挂在一经合闸即可送电到施工设备的断路器（开关）和隔离开关（刀闸）操作把手上等处。

b.“禁止合闸，线路有人工作！”标识牌，悬挂在线路断路器（开关）和隔离开关（刀闸）把手上。

c.“禁止分闸”标识牌，悬挂在接地刀闸与检修设备之间的断路器（开关）操作把手上。

d.“禁止停留”标识牌，悬挂在对人员有直接危害的场所，如高处作业及吊装作业现场等处。

e.“禁止通行”标识牌，悬挂在有危险的作业区域，如起重、爆破现场，道路施工工地的入口等处。

（2）警告标识。

a.“止步，高压危险！”标识牌，悬挂在工作区域的安全围栏上，禁止通行的过道上。

b.“当心吊物”标识牌，悬挂在有吊装设备作业的场所。

c.“当心坠落”标识牌，悬挂在易发生坠落事故的作业地点，如脚手架、高出平台、地面的深沟（池、槽）等处。

d.“当心落物”标识牌，悬挂在易发生落物的地点，如高处作业、立体交叉作业的下方等处。

e.“当心坑洞”标识牌，悬挂在生产现场和通道临时开启或挖掘的孔洞四周的围栏等处。

（3）指令标识。

a.“必须戴防护眼镜”标识牌，悬挂在对眼睛有伤害的作业场所，如机械加工、各类焊接等处。

b.“必须系安全带”标识牌，悬挂在易发生坠落危险的作业场所，如高处建筑、检修、安装等处。

c.“必须戴安全帽”标识牌，悬挂在生产现场（办公室、主控制室、值班室、检修班组室除外）。

（4）提示标识。

a.“在此工作”标识牌，悬挂在工作地点和检修设备上。

b.“从此上下”标识牌，悬挂在工作人员可以上下的铁（构）架、爬梯上。

c.“从此进出”标识牌，悬挂在工作地点围栏的出入口处。

2. 注意事项

（1）安全标识牌悬挂时注意字迹朝向正确。

（2）安全标识牌悬挂在不可移动的物体上，固定牢固。

（3）安全标识牌前不得放置妨碍认读的障碍物。

（4）工作完成后，除现场需保留的安全标识牌外，其他标识牌要及时拆离并清洁、交回。

23.4 管理维护

23.4.1 一般性维护保养要求

存放时保持完整、清洁无污垢，整齐存放。

23.4.2 使用期限及报废条件

出现褪色、老化、破损不完整、图形及文字不清晰等影响安全使用功能的予以报废。

第 24 章　心肺复苏模拟人

24.1 参考资料

GB 26859—2011　电力安全工作规程　电力线路部分

GB 26860—2011　电力安全工作规程　发电厂和变电站电气部分

DL/T 692—2018　电力行业紧急救护技术规范

Q/GDW 1799.1—2013　国家电网公司电力安全工作规程　变电部分

Q/GDW 1799.2—2013　国家电网公司电力安全工作规程　线路部分

Q/GDW 434.1—2010　国家电网公司安全设施标准　第一部分：变电

Q/GDW 434.2—2010　国家电网公司安全设施标准　第一部分：电力线路

国家电网安质〔2016〕212 号　国家电网公司电力安全工作规程　电网建设部分（试行）

国网（安监 /4）289—2014　国家电网公司电力安全工器具管理规定

国家电网安质〔2014〕265 号　国家电网公司电力安全工作规程　配电部分（试行）

参考：美国心脏学会（AHA）2015 国际心肺复苏（CPR）& 心血管急救（ECC）指南标准

24.2　定义、分类、结构、用途及限制条件、标识

24.2.1　定义

心肺复苏模拟人是能够提供徒手心肺复苏术模拟练习的人体模型。

24.2.2　结构

心肺复苏模拟人由人体模型和控制电脑（扩展件）组成，见图 24–1。

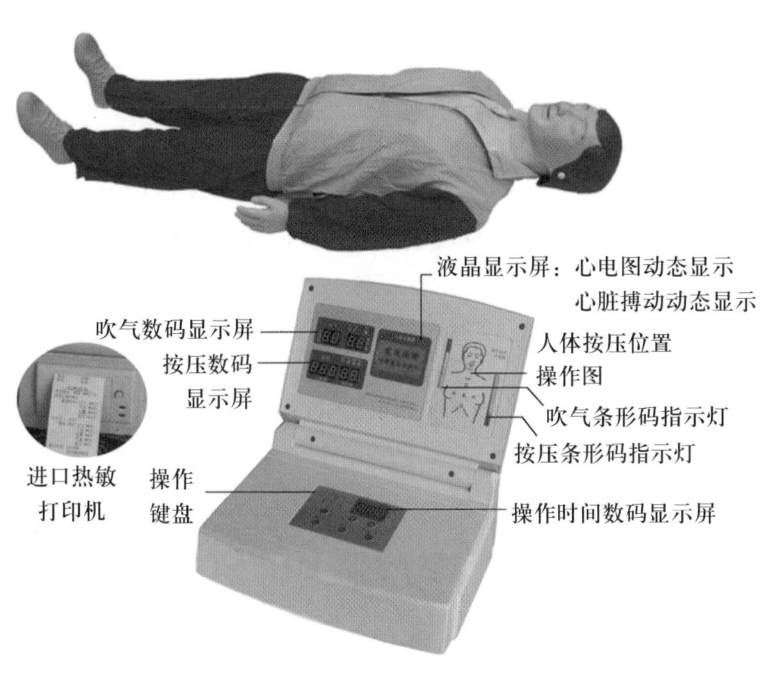

图 24–1　心肺复苏模拟人结构示意

24.2.3 用途

模拟心肺复苏的操作流程，学习和考核徒手心肺复苏急救术。

24.3 使用要求

24.3.1 使用前检查

开机前：检查模拟人结构完整，脸皮、口鼻、胸皮等清洁无污垢；呼吸管道、进气阀无堵塞；胸气袋完好无破裂；打印纸充足；各连接部件灵活。

开机后：控制电脑各功能显示正确，语音等提示正常。

24.3.2 使用及注意事项

1. 使用

以使用 SBK/CPR 350 模拟人进行成人徒手复苏术训练为例。

（1）把模拟人平躺仰卧在操作台上，连接好电源和连线。

（2）评估周围环境安全：要有上、下、左、右 观察动作。

（3）判断意识：轻拍模拟人双肩，分别对模拟人双耳呼叫“喂！你怎么啦？”，判断时间为 5~10 s，确认意识丧失。

（4）呼救：有转身招手摆臂动作，并大声呼叫“来人啊！救命啊！”，随后拨打 120 急救电话呼叫专业人员前来帮忙。

（5）摆放体位：将模拟人放置在地面或硬板上，呈为仰卧位（头、颈、躯干平卧无扭曲，双手放于两侧躯干旁）；解开模拟人上衣，暴露胸部；靠近模拟人跪地，操作者一腿模拟人肩部齐平，双膝略开与肩同宽。

（6）开放气道：将伤员头偏向一侧，用手指探入口腔，清除分泌物及异物；采用仰头举颏法（一手小鱼际压住病人额头部，另一手中指、食指合拢抬起下颏骨）使头部后仰，后仰程度为下颏、耳廓的连线与地面垂直，充分开放气道。

（7）判断呼吸：用看、听、试的方法判定伤员有无呼吸，判断时间 5~10s。看：看伤员的胸、腹壁有无呼吸起伏动作；听：用耳贴近伤员的口鼻处，听有无呼气声音；试：用颜面部的感觉测试口鼻部有无呼气气流。

（8）保持气道开放的同时吹气 2 口，每口持续 1~1.5s，吹气量为 600~1200mL。吹气时要用一手拇指、食指捏住患者鼻翼，用自己的嘴唇包住模拟人的嘴以防止漏气。吹气后松开捏鼻翼手的拇指、食指，同时观察胸廓有无起伏。

（9）保持气道开放，一手置于模拟人前额，使其头部后仰，另一手食指及中指指尖先触及气管正中部位，然后侧移 20~30mm，检查颈动脉有无搏动，判断时间 5~10s。如有脉搏，表明心脏尚未停跳，可仅做人工呼吸，每分钟 12~16 次。

（10）如无脉搏，立即在正确定位下在胸外按压位置进行心前区叩击 1~2 次，叩击后再次判断有无脉搏。如有脉搏即表明心跳已经恢复，可仅做人工呼吸即可。如仍无脉搏，则立即进行胸外心脏按压 30 次，同时观察患者面部反应。

a. 按压部位胸骨中下 1/3 交界处；

b. 双手掌根重叠，两肘关节伸直（肩肘腕关节呈一直线），手掌根部始终紧贴胸部，放松不离位；

c. 髋部为轴，腰部用力，双肩正对双手，收肩夹肘，垂直下压；

d. 按压频率 100 次 /min；

e. 按压深度 4~5cm，每次按压后胸廓完全弹回，保证按压与松开时间基本相等。

（11）再人工呼吸 2 次，按压与人工呼吸的比例接近 30：2。

（12）开始 2min 后（相当于单人抢救时做了 5 个 30：2 压吹循环）检查一次脉搏、呼吸、瞳孔，以后每 4~5min 检查一次，检查不超过 5s。

（13）抢救成功，模拟人同时发出抢救成功提示音。

（14）整理模拟人，恢复初始状态。

2. 注意事项

（1）判断意识时要轻拍双肩，不要过分摇晃病人的头部和身体。

（2）摆正体位时要使其全身成一整体进行转动，尤其注意保护颈部。

（3）口对口人工呼吸时采取个人保护措施（如 CPR 一次性消毒面膜）防止交叉感染。吹气要均匀，避免“吹蜡烛”。

（4）胸外按压时，按压平稳有节律地进行，不能间断，不能冲击式的猛压。下压及向上放松的时间相等，按压至最低点处，应有明显停顿。垂直下压，不要左右摆动。放松时定位的掌根不要离开胸骨定位点。双掌根重叠放置，不要交叉放置。

（5）口对口人工呼吸不能和胸外按压同时进行，实施口对口人工呼吸和胸外按压时气道要始终保持在开放状态。

（6）抢救过程中时间可以通过“喊号子”来控制。如进行意识、呼吸与大动脉搏动判断的时候，喊1001、1002、1003、……这样每个数都在 1s 左右。胸外按压时，喊 11、12、13、……这样可以做到每分钟 100 次的按压频率。

（7）操作者应站在触电者侧面便于操作的位置，单人急救时应跪在触电者的肩部位置；双人急救时，吹气人应跪在触电者的头部，按压心脏者应跪在触电者胸部、与吹气者相对的一侧。

（8）人工呼吸者与心脏按压者可以互换位置，互换操作，但中断时间不超过 5s。

（9）心肺复苏操作的时间要求：

0~5s：判断意识。

5~10s：呼救并放好伤员体位。

10~15s：开放气道，并观察呼吸是否存在。

15~20s：口对口呼吸 2 次。

20~30s：判断脉搏。

30~50s：进行胸外心脏按压 30 次，并再人工呼吸 2 次，以后连续反复进行。

以上程序尽可能在 50s 以内完成，最长不宜超过 1min。

24.4　管理维护

（1）模拟人使用后进行消毒，如脸皮、口鼻、胸皮、呼吸管道、进气阀等可用清洁液擦洗、消毒。

（2）气袋破裂需重新更换，可打开胸皮，将肺气袋上面的垫皮与传感器吹气杆连接的钉帽取出，拿掉垫皮，把肺气袋的连接螺母旋出，按样更换上新的肺气袋，按原样组装，恢复原样。

（3）将模拟人与电脑显示器，安放在通风干燥处，不能放在潮湿和太阳暴晒的地方，以防影响使用寿命。